SEU METABOLISMO É INCRÍVEL

E É FÁCIL COMPREENDER COMO FUNCIONA

SEU METABOLISMO É INCRÍVEL
E É FÁCIL COMPREENDER COMO FUNCIONA

MARCOS ROBERTO DE OLIVEIRA

70

SEU METABOLISMO É INCRÍVEL
E É FÁCIL COMPREENDER COMO FUNCIONA

Autor: Marcos Roberto de Oliveira

Diretor da Almedina Brasil: Rodrigo Mentz
Editor: Marco Pace
Editor de Desenvolvimento: Rafael Lima
Assistentes Editoriais: Larissa Nogueira e Letícia Gabriella Batista
Estagiária de Produção: Laura Roberti
Revisão: Luciana Boni e Tamiris Maróstica

Diagramação: Almedina
Design de Capa: Roberta Bassanetto

ISBN: 9786554271806
Setembro, 2023

Dados Internacionais de Catalogação na Publicação (CIP)
(Câmara Brasileira do Livro, SP, Brasil)

Oliveira, Marcos Roberto de
Seu metabolismo é incrível : e é fácil
compreender como funciona / Marcos Roberto de
Oliveira. – 1. ed. – São Paulo : Edições 70, 2023.

Inclui bibliografia
ISBN 978-65-5427-180-6

1. Bioquímica 2. Metabolismo 3. Metabolismo – Distúrbios
4. Metabolismo – Regulação I. Título.

23-162677 CDD-616.39

Índices para catálogo sistemático:

1. Metabolismo : Fisiologia humana 616.39

Aline Graziele Benitez – Bibliotecária – CRB-1/3129

Este livro segue as regras do novo Acordo Ortográfico da Língua Portuguesa (1990).

Editora: Almedina Brasil
Rua José Maria Lisboa, 860, Conj. 131 e 132, Jardim Paulista | 01423-001 São Paulo | Brasil
www.almedina.com.br

Para minha mãe, Maria Irma, pelo amor, pela dedicação e pela amizade. Sem esta nobre mulher, não teria sido possível obter minha formação.

AGRADECIMENTOS

Agradeço ao Conselho Nacional de Desenvolvimento Científico e Tecnológico pelo investimento em pesquisa e pelas bolsas de estudo que recebi ao longo de minha trajetória.

PREFÁCIO

O estudo do metabolismo, parte central nas disciplinas de Bioquímica, é tarefa complicada em qualquer curso de Graduação das áreas Biológicas e Médicas. São diversas vias metabólicas para compreender, além de sua regulação e da integração que envolve órgãos diferentes. Agora, imagine como analisar e entender o metabolismo se alguém não tem formação nas áreas mencionadas acima! Não é à toa que ouvimos tantas afirmações incorretas, como "o organismo transforma triglicerídeos em colesterol", "ácido láctico é uma toxina que afeta os músculos", ou "vitaminas são fonte de energia". Erros que parecem pouco importantes podem levar a atitudes potencialmente prejudiciais ao organismo, pois alguém que veja vitaminas como "fonte de energia" pode passar a usar suplementos sem necessidade alguma. E isto é causa de intoxicação, sendo motivo de preocupação em muitos países.

Então, este livro foi planejado para facilitar o acesso ao conhecimento sobre metabolismo energético humano. Não importa qual seja o contexto clínico avaliado, sempre há alguma alteração significativa no metabolismo, ou seja, no destino de moléculas relevantes à manutenção da viabilidade celular. Ainda, conhecer melhor o metabolismo é ferramenta importante nas diferentes estratégias de prevenção de doenças e intoxicações. É importante salientar que o termo "metabolismo" não pode ser visto apenas como aquilo relacionado à "produção" de energia. Existe o metabolismo de xenobióticos (moléculas "estranhas" ao organismo, podendo ou não ser tóxicas), o metabolismo de toxicantes, o metabolismo de íons (como ferro, cálcio, magnésio, outros) e o metabolismo de espécies reativas (comumente associadas a estresse oxidativo), por exemplo.

Neste contexto, o metabolismo energético, aquele realmente associado ao uso dos combustíveis (ou substratos energéticos) pelas células com o intuito de produzir a famosa molécula de ATP (adenosina trifosfato), é tratado de forma bastante acessível neste livro. Usando exemplos claros, com especial atenção à integração metabólica observada em cada contexto, são elucidados aspectos complexos do metabolismo e das alterações pelas quais este pode passar quando nosso organismo lida com demandas variadas.

Assim, além de atender a pessoas leigas interessadas em melhorar seu conhecimento sobre metabolismo, este livro pode ser usado por docentes e estudantes, em qualquer estágio de formação, quando pertinente.

Espero que a leitura seja proveitosa!

Prof. Dr. Marcos Roberto de Oliveira

SUMÁRIO

CAPÍTULO 1

POR QUE TANTA ÁGUA?

Uma pessoa adulta é composta por cerca de 60 a 70 % de água. A minoria restante é representada por lipídios, carboidratos, proteínas, ácidos nucleicos, íons e demais moléculas e derivados, como por exemplo os radicais livres (Fig. 1.1). A água é fundamental para nossa existência, e poucos dias de desidratação são o suficiente para o organismo colapsar de forma generalizada, levando à morte. Por que tamanho estrago como consequência da diminuição nos níveis de água no organismo?

A água não é um combustível para as células, mas sem esta molécula nenhuma outra chega ao seu destino para que possa ser consumida, nutrindo as células. Assim, a água desempenha papel de meio de transporte para que íons, moléculas em geral e mesmo células se desloquem no organismo. Isso é possível porque a água interage de forma fraca entre si e com os solutos (ou seja, qualquer íon ou molécula presente na água). Estas interações químicas são do tipo não covalentes, ou seja, não há compartilhamento de elétrons entre átomos, tornando a aproximação entre as moléculas envolvidas apenas momentânea. Uma molécula de água interage com outra idêntica por meio das pontes de hidrogênio. Esta mesma interação surge entre a água e solutos diversos. Além disso, a água pode reagir com solutos como íons, por exemplo, por meio de interações iônicas, nas quais moléculas e/ou íons interagem de acordo com diferenças na sua carga elétrica: uma molécula com carga elétrica líquida negativa pode interagir, momentaneamente, com outra de carga positiva por atração simples. Este tipo de aproximação, tal qual a ponte de hidrogênio, é fraca, e permite, portanto, que o sistema siga sendo fluido, dinâmico, ou seja, as partes do sistema podem se mover no mesmo. No corpo humano, os batimentos cardíacos e o controle da pressão arterial mantêm o sangue fluindo. E este apenas se move porque a água permite. A urina é outro exemplo de solução composta, na maioria, por água, e que tem função de permitir a excreção de subprodutos do metabolismo de forma segura. As interações fracas entre as moléculas de água, que são o principal componente em qualquer sistema biológico de nosso organismo, se desfazem após poucos segundos de reação, permitindo a passagem de solutos por entre as moléculas de água. Também pode ser observada uma camada de água em torno de íons e de moléculas diversas: esta é a camada de solvatação. A água interage com estes solutos de maneira mais íntima. E chega a

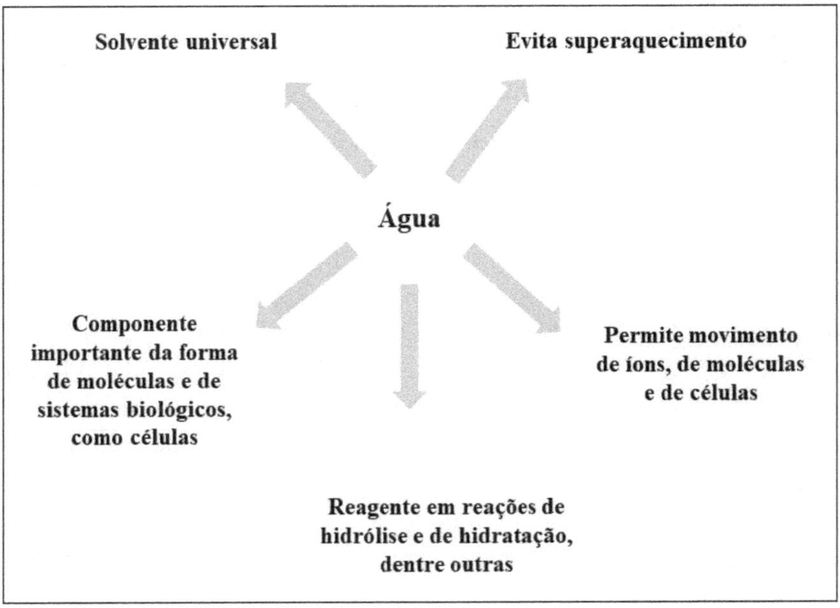

Figura 1.1. *Um resumo das funções da água no organismo humano. Adaptado de "O Incrível Universo do Metabolismo Humano", deste autor.*

influenciar a forma (ou estrutura) final destes nos sistemas aquosos nos quais coexistem. Seja no sangue (meio extracelular), ou no citoplasma (meio intracelular – que compõe a célula), a água é meio de transporte para os diversos solutos necessários para a manutenção da saúde celular. Quando nutrientes são captados pelas células, estes devem fluir em seu interior até alcançar seu destino: armazenamento, uso imediato em alguma organela específica, transformação em outra molécula, dentre outros destinos. Assim, o movimento que a água permite que ocorra deve ser mencionado também no interior celular, bem como em suas organelas.

A água, ao reagir intimamente com moléculas diversas, acaba por influenciar a forma destas nos sistemas biológicos que compõem nosso organismo. A estrutura de proteínas, por exemplo, é bastante influenciada pela água. Uma proteína é composta por aminoácidos unidos entre si por uma interação química forte e estável, conhecida como ligação peptídica. Cada aminoácido apresenta características químicas únicas e, enquanto compondo proteínas, estas características são transferidas às proteínas como um todo ou em parte. Por exemplo, há aminoácidos chamados de "apolares", ou seja, que são menos solúveis em água. A alanina é um aminoácido do tipo apolar. Livre na circulação, é solúvel em concentrações fisiológicas. Quando compondo proteínas, poderá transformar parte da proteína em uma porção menos exposta à água. Isto dependerá de quais outros aminoácidos estão próximos da alanina. Se uma sequência da proteína for composta por repetidos resíduos de aminoácidos apolares como a alanina, então esta porção da proteína poderá ser, por exemplo, um "bolsão" hidrofóbico: uma parte da proteína que não se mostra para a água, dada sua baixa capacidade de interagir com esta molécula polar. No entanto, de alguma forma, o restante da proteína interage com a água. Inclusive, para permitir o movimento desta proteína no meio aquoso. Assim, a água próxima à estrutura da proteína influencia sua forma. Esta aproximação depende, conforme mencionado acima, das características químicas dos demais aminoácidos que fazem parte da proteína. De qualquer forma, a estrutura final da proteína é, também, consequência da interação com a água do meio, e não apenas fruto dos aminoácidos que a compõe. Proteínas de membranas, por exemplo, apresentam porções ricas em aminoácidos apolares para permitir interação com lipídios formadores daquelas estruturas. Lembre-se que solutos polares são solúveis em água, o que também significa dizer que apresentam ampla mobilidade neste solvente. Por outro lado, solutos apolares interagem de forma menos rica com a água, e tendem a se aproximar entre si em meio aquoso (exemplo: óleos vegetais quando misturados em água e bolhas de gases – que são hidrofóbicos – em seringas). Neste contexto, é importante lembrar que as membranas biológicas (da célula e de suas organelas e vesículas) são compostas, principalmente, de lipídios. Esta composição impede que membranas em geral se desmanchem (ou se desintegrem) em meio aquoso: como a água é o principal componente de, virtualmente, qualquer sistema biológico humano, então deve-se formar uma barreira que não seja solúvel nesta água.

Além da estrutura das moléculas, a água é parte importante da forma das células e dos tecidos compostos por estas células. Uma célula completamente desidratada fica completamente desfigurada devido à perda de volume. E, como sabemos, estrutura e função estão intimamente relacionadas em relação à manutenção da saúde celular. Assim, uma célula que tenha formato de um disco, como as hemácias (células vermelhas do sangue), deixaria de atuar como deve se sua forma for alterada para qualquer outra que dificulte sua passagem pelos diferentes vasos sanguíneos de nosso organismo. Vasos de menor diâmetro, como os *vasa vasorum*, que são pequenos vasos que nutrem outros vasos de maior calibre, não permitem a passagem de hemácias que não tenham o formato ideal para isto. Assim, em um exemplo didático, desidratação severa de hemácias poderia afetar a distribuição de gases, dentre outras funções, no organismo, pois alterariam sua forma, afetando sua(s) função(ões). Neurônios deformados por desidratação também deixariam de ser tão eficientes na transdução de sinal necessária nas redes neurais diversas. Fibras musculares esqueléticas e cardíacas executariam com menor habilidade a contração necessária à função dos órgãos que compõem. Assim, tanto em nível molecular quanto nos níveis celular e sistêmico, a água desempenha papel na estrutura final das partes, permitindo a manutenção das funções destas e do todo.

A água também é usada para resfriar o corpo quando a temperatura externa se eleva e/ou quando executamos mais trabalho, como quando em uma atividade física. Este papel é importante na preservação de proteínas e das membranas lipídicas de células, de organelas e de vesículas. O aquecimento do organismo causa desnaturação de proteínas por promover a quebra de interações fracas necessárias à manutenção da estrutura da proteína. Desnaturação envolve alteração na estrutura da proteína com consequente perda da função. Enquanto desnaturada, a proteína deixa, portanto, de executar suas funções. E como proteínas desempenham inúmeras funções no organismo humano, o colapso deste seria inevitável nesta circunstância. De fato, a desidratação causada pela febre, junto do efeito da perda de água sobre a estrutura de proteínas e de biomembranas, são parte importante do mecanismo que leva à óbito uma pessoa nesta condição. Certamente, há motivos variados para a febre, e o conjunto de alterações pode ser, então, mais ou menos intenso. A água presente no suor ameniza o aumento na temperatura, mas deve ser reposta. Quando isto não ocorre, ou seja, quando a reidratação não é realizada, então o organismo colapsa.

A água presente nas lágrimas, por exemplo, tem papel de lubrificante. Enzimas presentes naquela solução são responsáveis por "limpar" os olhos, diminuindo o risco de contaminações. Neste ponto, volto a lembrar do papel da água como meio de transporte: sem a concentração certa de água, a lágrima não é formada, os olhos não são lubrificados como deveriam e as enzimas de proteção não atingem seu objetivo, permitindo a contaminação dos olhos em um caso extremo. A água, como agente de lubrificação, também se destaca na formação de mucosas. A mucosa do intestino, por exemplo, é mais conhecida, já que são vários os casos de distúrbios que afetam esta parte daquele órgão. O muco presente no intestino é composto por moléculas diversas e água, que não só protege as células componentes do intestino como também permite uma passagem mais fluida dos nutrientes pelo trato digestório.

A utilização de água como ferramenta em reações químicas como hidratação de moléculas e na hidrólise também merece destaque. Determinadas moléculas, ao longo das diversas reações que podem passar para que sejam úteis ao metabolismo humano, devem ser hidratadas, permitindo transformação de seus grupos químicos e a continuidade da via metabólica. Ainda, a água pode ser usada para quebrar ligações covalentes na reação de hidrólise. Por ser molécula abundante, torna-se limitante apenas a presença da enzima que mediará cada reação desta no meio.

Então, depois de mencionadas tantas funções para a água, fica menos complicado compreender porque a desidratação apresenta tantas consequências drásticas ao organismo. Em casos drásticos de perda de água, tem-se, literalmente, uma "parada" do sistema: menos fluido será o movimento de solutos na circulação e nas demais partes da célula compostas por água (citoplasma, interior de organelas) e menor será a atividade de proteínas (que, na verdade, são as "trabalhadoras" em nosso organismo, responsáveis por inúmeras funções, como veremos na Parte IV do livro). Perda de água que compõe o sangue leva a aumento na viscosidade deste, bem como à queda na pressão arterial. Assim, menos nutrientes serão entregues como deveriam e menos subprodutos do metabolismo (os quais são, por vezes, tóxicos) serão removidos, acumulando-se. De forma geral, pode-se dizer que a dinâmica das interações água-água também permitiu o surgimento da vida como a conhecemos. Caso o solvente fosse outro, não teríamos, quase com certeza, as mesmas formas de vida conhecidas neste planeta.

Referências

AIRES MM. *Fisiologia*. 5. ed. Guanabara Koogan, 2018.

DEVLIN TM. *Manual de Bioquímica com Correlações Clínicas*. 7. ed. Blucher, 2011.

TYMOCZKO JL, BERG JM, STRYER L. *Bioquímica Fundamental*. 1. ed. Guanabara Koogan, 2011.

CAPÍTULO 2

QUAL O PROPÓSITO DE NOS ALIMENTARMOS?

Depois de uma breve análise sobre as funções desempenhadas pela água em nosso organismo, devemos discutir os porquês da obrigação em nos alimentarmos. Os principais componentes da refeição humana, em geral, são os carboidratos, os lipídios e as proteínas, seguidos de vitaminas, minerais e outras moléculas (como aquelas de origens diversas: polifenóis dos vegetais, moléculas marinhas, derivados de bactérias e de fungos, e outros).

Iniciaremos a análise deste capítulo pela função mais conhecida dos alimentos em nosso organismo: a fonte de energia. Esta energia é conhecida como "ATP" (e também como "GTP", dependendo de sua intimidade com este meio). Adenosina trifosfato (ATP) é uma molécula tida como moeda energética universal: sua construção é propiciada após diversas reações químicas sofridas pelos combustíveis (ou substratos energéticos) oriundos dos alimentos. Após ser produzido, o ATP é usado na transferência de energia para sistemas que executam trabalho nas células. Isto envolve tanto enzimas que atuam de forma isolada quanto sistemas mais complexos, como aquele mediador da contração muscular. O mesmo serve para a guanosina trifosfato (GTP), que é uma importante fonte de energia em algumas reações. O que este pequeno texto tenta esclarecer é o que segue: uma molécula de glicose, por exemplo, não pode ser quebrada diretamente pelo sistema biológico que requer energia. Certamente, quebrar uma ligação covalente da glicose iria liberar energia para o meio. No entanto, deveria haver um sistema específico para reconhecer a glicose como fonte de energia direta para que este funcionasse. Ainda, outro sistema deveria reconhecer ácidos graxos como fonte direta de energia, e assim por diante. Assim, quando se fala que o ATP é uma moeda energética universal, significa que a mesma molécula é usada em diferentes sistemas que requerem uma fonte de energia para atuar. Os combustíveis são oxidados e o ATP significa, junto de outros produtos destas reações, conservação de energia. Esta forma de conservação possibilita o uso da molécula de ATP em sistemas distantes do local de sua síntese, por exemplo, devido à estabilidade da molécula de ATP no meio biológico. Este será usado por uma enzima que o reconhece, com especificidade, garantindo não apenas a velocidade da reação como também a segurança do processo. Vejamos exemplos abaixo e um resumo na Fig. 2.1.

A enzima Na^+/K^+-ATPase (lê-se "sódio potássio ATP ase") está presente na membrana de todos os tipos de células de nosso

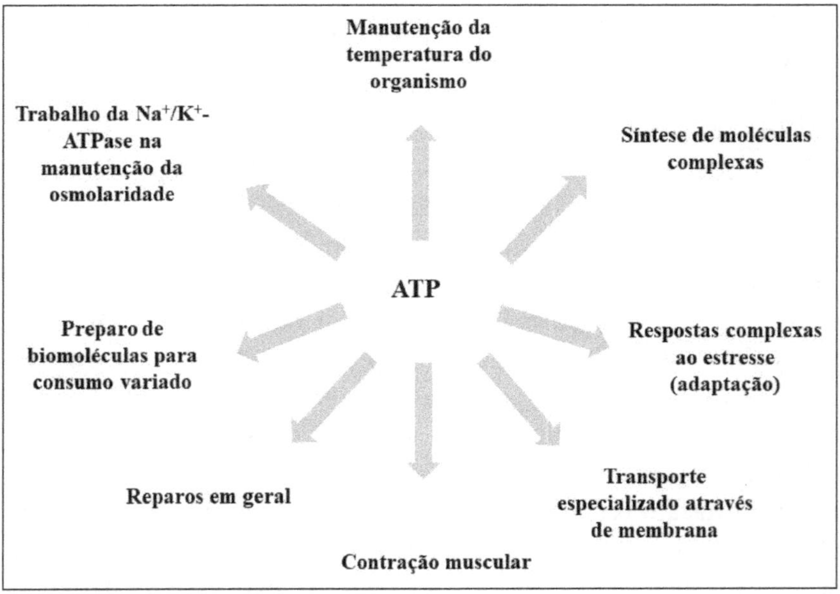

Figura 2.1. *Um resumo das funções do ATP em células humanas. Adaptado de "O Incrível Universo do Metabolismo Humano", deste autor.*

organismo. Esta enzima é responsável pela transferência de três (3) íons sódio (Na^+) para o meio extracelular em troca de dois (2) íons potássio (K^+) para o interior da célula. A exclusão do sódio é importante para evitar o fluxo de água, por meio de osmose, de fora da célula para dentro, pois este íon é um osmólito ativo bastante forte (ou seja, atrai água com extrema habilidade). Excesso de água levaria ao aumento do volume da célula, o que poderia causar o rompimento da membrana plasmática. Assim, a transferência de sódio para o meio extracelular é constante. Em algumas células, como em fibras musculares esqueléticas e cardíacas e nos neurônios, a dinâmica de íons sódio, dentre outros, é intensa, o que exige enorme trabalho da enzima Na^+/K^+-ATPase e, consequentemente, elevado consumo de ATP.

Outro processo que requer grandes quantidades de ATP (e de GTP) é o de síntese de proteínas. A ativação de aminoácidos que serão usados na construção das proteínas e a formação da ligação peptídica (que unirá um aminoácido ao outro na molécula proteica) dependem de ATP e GTP. Assim, quanto maior for a proteína, mais energeticamente custoso é produzi-la. Além disso, o organismo precisará construir não apenas uma molécula de proteína, mas inúmeras de acordo com a demanda, o que torna o processo ainda mais dispendioso. O ATP e o GTP necessários para este fim também foram originados dos combustíveis presentes nos alimentos de nossas refeições. Também podem ter sido originados a partir de nossas reservas, como glicogênio e triglicerídeos, mas ambos apenas foram armazenados após a ingestão de alimentos.

A contração muscular, que permite a execução de movimentos diversos, também é altamente dependente de ATP. Elevar a taxa contrátil, de qualquer músculo que seja, aumenta a demanda energética e, consequentemente, "acelera" o metabolismo. Isto significa dizer que a velocidade da mobilização de combustíveis será maior. Seja aquele combustível já disponível ou de sua reserva (ou depósito). A oxidação de diferentes combustíveis usados pelos músculos gera ATP suficiente para que a máquina proteica execute a contração. Por isso, praticar exercício físicos promove emagrecimento. Claro, isto depende das estratégias utilizadas para este fim e isto também envolve a dieta que será feita ao longo dos dias de treinamento. Além disso, o reparo necessário nos músculos quando as atividades cessam envolve elevado consumo de ATP também. De forma geral, qualquer reparo celular, seja no músculo ou em outros órgãos, requer ATP em grandes quantidades direta ou indiretamente. Trataremos de exercício físico mais adiante neste livro.

Além de fonte de energia, os alimentos contêm a matéria-prima para a construção de biomoléculas necessárias ao funcionamento de nosso organismo. As reservas citadas anteriormente são um exemplo. Lipídios são armazenados como triglicerídeos no tecido adiposo, majoritariamente. Glicogênio, por outro lado, é um polímero de glicose encontrado no fígado, nos músculos e nos astrócitos (células companheiras dos neurônios). O caminho para a formação de reservas depende de hormônios, sendo o mais importante a insulina, a qual estimula tanto a síntese de glicogênio quanto de triglicerídeos de forma bastante potente. Além disso, fala-se que as proteínas são uma reserva de aminoácidos. Não gosto de pensar desta forma porque proteínas apresentam funções muito específicas na forma nativa e, embora sejam, sim, fonte de aminoácidos para fins diversos, não são mera reserva destes. As funções que executam são mais nobres que a de uma reserva (este assunto será melhor desenvolvido na Parte IV do livro). No contexto de aminoácidos, estes podem ser usados na síntese de moléculas como melatonina, catecolaminas (dopamina, noradrenalina, adrenalina), melanina, serotonina e nucleotídeos que poderão fazer parte do DNA e do RNA. Além disso, há aminoácidos que podem ser convertidos em glicose e outros em corpos cetônicos durante estados catabólicos (como no jejum).

A mobilização de reservas, durante estados de catabolismo, como no jejum e durante períodos de atividade física, tem o objetivo de gerar combustíveis para as células usarem enquanto a demanda energética for alta. Quando as células oxidam os combustíveis, energia na forma de calor é gerada, e isto ajuda a manter a temperatura do corpo. O processo todo envolve aumento na atividade de mitocôndrias, aquelas organelas que geram mais de 90% do ATP produzido pelas células nucleadas humanas (a única exceção seria a hemácia – célula vermelha do sangue – que não apresenta nenhuma organela). Caso a temperatura de nosso corpo caia, proteínas em geral são desnaturadas e deixam de executar suas funções. Isto seria trágico ao organismo todo. Então, nos alimentamos para que o organismo atinja um nível de combustíveis ótimo também para manter a temperatura.

Dos alimentos ainda vêm as vitaminas necessárias na síntese de coenzimas e de minerais necessários tanto para a atividade de proteínas quanto para a construção de cofatores. Coenzimas e cofatores são partes essenciais de enzimas e de proteínas. As vitaminas, em hipótese alguma, são fonte direta de ATP. São, por outro lado, fundamentais para que enzimas envolvidas em diferentes vias metabólicas consigam executar as funções para as quais existem. Da mesma forma, cofatores colaboram com a mediação de determinadas reações químicas quando associados a enzimas. Minerais como o cálcio, por exemplo, não apenas compõem os ossos, mas também são importantes agentes associados à regulação de vias metabólicas e a vias de sinalização celular.

Percebe-se, então, que os alimentos são mais importantes que apenas fontes de energia, embora esta seja sua principal função. Este livro foi desenhado para tornar mais acessível o conhecimento sobre metabolismo. Assim, ao longo de todos os capítulos haverá mais exemplos do uso das diferentes moléculas que ingerimos (ou que produzimos após diversas transformações químicas endógenas). Esta é apenas uma apresentação inicial.

Referências

AIRES MM. *Fisiologia*. 5. ed. Guanabara Koogan, 2018.

DEVLIN TM. *Manual de Bioquímica com Correlações Clínicas*. 7. ed. Blucher, 2011.

LIEBERMAN M, PEET A. *Marks' Basic Medical Biochemistry: A Clinical Approach*. 5. ed. LWW, 2017.

RUI L. *Energy Metabolism in the Liver. Comprehensive Physiology*, 4: 177–197, 2014.

CAPÍTULO 3

RESPIRAÇÃO: GÁS OXIGÊNIO COMO A CHAMA DO METABOLISMO

Respiramos para manter a oxidação de combustíveis no nível necessário para atender à demanda energética de, praticamente, todas as células humanas. Há exceções, como as hemácias, que não apresentam mitocôndrias. Além disso, os átomos de oxigênio são usados em reações químicas e na composição de moléculas. De qualquer forma, o gás oxigênio (O_2) inspirado é consumido, quase que completamente, pelas mitocôndrias (Fig. 3.1). Estas organelas dependem de oxigênio para oxidar combustíveis como piruvato (derivado da glicose), ácidos graxos, alfa-cetoácidos derivados de aminoácidos e corpos cetônicos. Embora nem todos sejam consumidos por todas as células humanas, estes substratos energéticos apresentam em comum o fato de dependerem da presença de níveis ótimos de oxigênio para que as mitocôndrias extraiam o máximo de energia durante sua oxidação.

A expiração, por outro lado, tem o papel de eliminar o gás carbônico (CO_2) formado durante o catabolismo dos combustíveis citados. Em maior ou menor grau, todos formam este gás que, se não expirado, acumula-se e gera ácido carbônico ao reagir com a água. Este ácido, ao se dissociar (ou seja, ao liberar um próton – H^+), promove queda no pH do meio em determinas circunstâncias. Como isto pode ser prejudicial ao organismo por desencadear desnaturação de proteínas, dentre outros efeitos, elimina-se o gás carbônico por meio das trocas pulmonares.

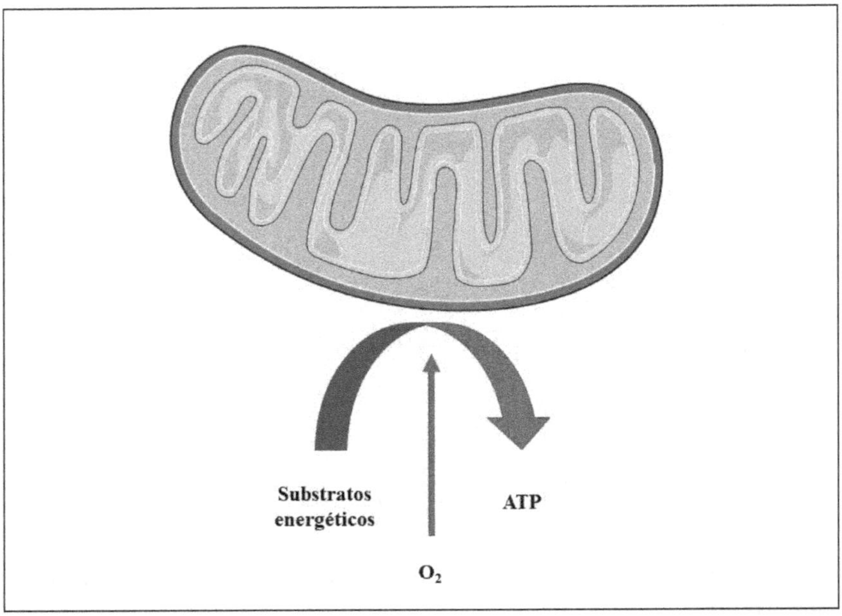

Figura 3.1. *A mitocôndria, o gás oxigênio e a produção de ATP estão intimamente relacionados em células humanas (com exceção das hemácias). A figura foi parcialmente gerada usando o "Servier Medical Art", providenciado pela Servier, licenciado sob a Creative Commons Attribution 3.0.*

Voltando ao gás oxigênio e às mitocôndrias: é impossível falar em um sem mencionar o outro. A atividade mitocondrial associada à manutenção do estado energético está intimamente associada à presença de gás oxigênio. Sem este gás, bloqueia-se a transferência de elétrons obtidos a partir da oxidação dos combustíveis e ATP não é gerado. Em momentos de hipóxia (ou seja, de queda na oxigenação), a única molécula capaz de fornecer ATP é a glicose, cuja oxidação não é dependente nem de mitocôndria nem de gás oxigênio. No entanto, a produção de ATP a partir da glicose é baixa: apenas duas (2) moléculas de ATP são produzidas a partir da glicose (produção líquida). A partir da oxidação mitocondrial (portanto, em normóxia – estado fisiológico de oxigenação) de ácidos graxos, por exemplo, geram-se mais de cem (100) moléculas de ATP dependendo do tamanho da cadeia da molécula, ou seja, do número de carbonos que compõem o ácido graxo. Isto explica, pelo menos, em parte, porque situações como infarto do miocárdio são tão graves: a obstrução de vasos sanguíneos locais impede a chegada de sangue com gás oxigênio e combustíveis a uma dada região do coração, causando uma queda na oxigenação das fibras cardíacas e na atividade mitocondrial. O glicogênio local é mobilizado, gerando uma forma fosforilada de glicose que é consumida na glicólise, via metabólica que gera ATP a partir da glicose. Como o rendimento energético é baixo, corre-se o risco de haver comprometimento de grande parte do coração devido à perda massiva de células. Menos ATP disponível significa menos energia para permitir a execução de trabalho necessário à viabilidade celular. As células morrem por diferentes mecanismos, havendo predomínio de morte celular por necrose, que também estimula inflamação. Este contexto metabólico, infelizmente, é bastante comum, tendo doenças cardiovasculares como uma das principais causas de óbito globalmente.

Com gás oxigênio disponível, as mitocôndrias seguem oxidando substratos energéticos diversos, atendendo à demanda de ATP de acordo com sua flutuação ao longo do dia. A atividade mitocondrial pode variar devido a outros motivos, como deficiência de ferro (anemia ferropriva), exposição a toxicantes e doenças mitocondriais. Estas situações limitam a atividade mitocondrial de forma moderada a grave, afetando o destino celular. A anemia ferropriva afeta a função mitocondrial por mais de um mecanismo: **a**) menor conteúdo de ferro limita a produção de hemoglobina e, consequentemente, o transporte de gás oxigênio pelas hemácias. Então, menos desse gás estará disponível para as mitocôndrias oxidarem os diferentes substratos energéticos citados acima; **b**) há proteínas mitocondriais dependentes de ferro, como centros de ferro e enxofre em complexos proteicos. De forma simplificada, estas proteínas atuam na transferência de elétrons oriundos de combustíveis até o gás oxigênio, gerando água. O sistema pelo qual estes elétrons fluem chama-se cadeia transportadora de elétrons (ou cadeia respiratória) e é parte central dos processos de transferência e conservação de energia observados nas mitocôndrias. É lá que o oxigênio é consumido, permitindo fluxo constante de elétrons e, consequentemente, produção de ATP. As mitocôndrias serão apresentadas com maiores detalhes no próximo capítulo, deixando bem clara sua relação com o gás oxigênio e a produção de ATP.

Desta forma, percebe-se que menor disponibilidade de gás oxigênio significa menor atuação de mitocôndrias na produção de ATP, podendo levar a um colapso energético, já que a glicose rende muito menos ATP quando oxidada na ausência daquele gás (Fig. 3.2).

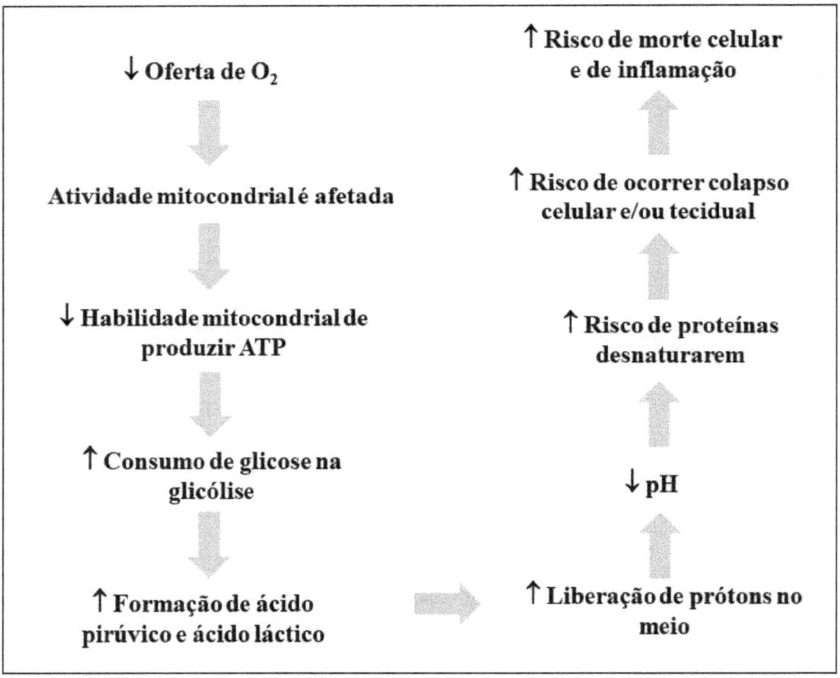

Figura 3.2. *Um resumo das alterações metabólicas observadas em caso de hipóxia (queda na concentração de oxigênio). Adaptado de "O Incrível Universo do Metabolismo Humano", deste autor.*

Referências

DEVLIN TM. *Manual de Bioquímica com Correlações Clínicas*. 7. ed. Blucher, 2011.

LIEBERMAN M, PEET A. *Marks' Basic Medical Biochemistry: A Clinical Approach*. 5. ed. LWW, 2017.

PAPA S, MARTINO PL, CAPITANIO G, GABALLO A, DE RASMO D, SIGNORILE A, & PETRUZZELLA V. *The oxidative phosphorylation system in mammalian mitochondria. Advances in Experimental Medicine and Biology*, 942: 3–37, 2012.

TYMOCZKO JL, BERG JM, STRYER L. *Bioquímica Fundamental*. 1. ed. Guanabara Koogan, 2011.

CAPÍTULO 4

MITOCÔNDRIAS E ATP

As mitocôndrias são as organelas mais importantes envolvidas nos processos de transferência e conservação de energia no organismo humano. A oxidação de diferentes combustíveis libera energia que é utilizada na produção de ATP (adenosina trifosfato), uma moeda energética necessária para que as células executem trabalho. Em termos mais práticos, é graças, em grande parte, às mitocôndrias que conseguimos realizar tantas tarefas ao longo da vida. A produção de ATP deve ser contínua para atender à demanda energética de cada tipo celular. E, para isto, devemos respirar, inspirando gás oxigênio (O_2) e expirando o gás carbônico (CO_2). Estas trocas gasosas são facilitadas pelas hemácias, as células vermelhas do sangue, que carregam oxigênio dos pulmões para os tecidos e levam gás carbônico destes para os pulmões expirarem. É interessante o fato de que hemácias transportam oxigênio, mas não o utilizam, já que não contêm mitocôndrias. Isto acaba sendo muito bom para as células portadoras de mitocôndrias, pois sobra mais oxigênio para sua síntese de ATP.

Estruturalmente, as mitocôndrias são organelas com membrana dupla: a membrana mitocondrial interna e a membrana mitocondrial externa. Entre estas membranas, encontra-se o espaço intermembranas. A matriz mitocondrial, envolvida pela membrana dupla, contém enzimas de vias metabólicas diversas, DNA mitocondrial e moléculas e íons de diferentes naturezas (Fig. 4.1). Todas as partes citadas são necessárias, direta ou indiretamente, na produção de ATP.

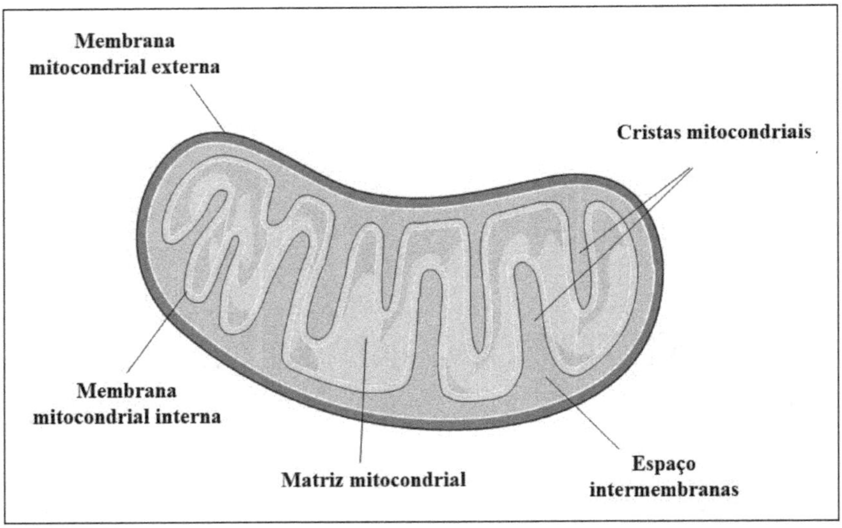

Figura 4.1. *A mitocôndria. A figura foi parcialmente gerada usando o "Servier Medical Art", providenciado pela Servier, licenciado sob a Creative Commons Attribution 3.0.*

E quais são os combustíveis que as células oxidam com finalidade energética? Por que o oxigênio é crucial neste processo? Como as mitocôndrias lidam com os combustíveis e com o oxigênio? As mitocôndrias conseguem oxidar o **piruvato** (que é uma molécula produzida a partir da glicose por meio da via metabólica conhecida como glicólise, que será tratada em mais detalhes em seção posterior do livro), os **ácidos graxos** (de cadeia curta até cadeia longa, sendo necessária a colaboração dos peroxissomos, também organelas, quando a célula tem acesso a ácidos graxos de estruturas complexas, como cadeias muito longas ou ramificadas), **corpos cetônicos** e **alfa-cetoácidos derivados de aminoácidos**. Estes combustíveis são oxidados em grau variável de acordo com o tipo celular e com o momento metabólico. Por exemplo, o fígado saudável não consome glicose durante o jejum. Assim, não gera piruvato para que este seja oxidado nas mitocôndrias. Por outro lado, este órgão utiliza ácidos graxos e aminoácidos (a partir dos quais gera os alfa-cetoácidos mencionados acima) como combustíveis ao longo do jejum. A oxidação destas moléculas fornece elementos necessários à síntese de ATP pelas mitocôndrias hepáticas. As hemácias, conforme já citado anteriormente, não possuem mitocôndrias. Portanto, não são capazes de oxidar ácidos graxos, corpos cetônicos ou alfa-cetoácidos. Estas células usam glicose como combustível e geram ácido láctico no processo. Neurônios, entretanto, usam glicose como principal combustível durante boa parte do jejum. Num dado momento, começam a utilizar também corpos cetônicos, que são oxidados nas mitocôndrias. Ao longo do livro, retornaremos à discussão dos diferentes combustíveis utilizados pelas células e as condições necessárias para que isto ocorra.

A partir da oxidação dos diferentes substratos energéticos citados, as mitocôndrias extraem elétrons e prótons (H^+), os quais são necessários ao funcionamento de um sistema chamado cadeia transportadora de elétrons (ou cadeia respiratória) (Fig. 4.2). A cadeia transportadora, presente na membrana mitocondrial interna, é composta por complexos proteicos chamados de Complexos I, II, III e IV. Além disso, há os elementos móveis de transferência de elétrons ubiquinona (ou coenzima Q_{10}) e citocromo c. Elétrons oriundos de diferentes combustíveis são conduzidos, a partir das vias de sua oxidação, para a cadeia transportadora via moléculas especializadas na transferência de elétrons. Conforme a cadeia transportadora recebe elétrons, o fluxo dos mesmos libera energia que é utilizada pelos Complexos I, III e IV para bombear prótons da matriz mitocondrial para o espaço intermembranas (o Complexo II não tem esta função). No Complexo IV, os elétrons são transferidos para o oxigênio (este que respiramos!), que é transformado em água, permitindo que mais elétrons passem a fluir pela cadeia transportadora. Sem oxigênio, o fluxo de elétrons naquele sistema cessa, e a mitocôndria não consegue mais produzir ATP. Ao atingir um limiar de concentração no espaço intermembranas, os prótons retornam à matriz mitocondrial via Complexo V (que não é parte da cadeia transportadora de elétrons). Este gera o ATP a partir da reação de ADP (Adenosina difosfato) e fosfato inorgânico (Pi). Ou seja, o fluxo de elétrons libera energia para que prótons sejam bombeados de uma parte à outra da mitocôndria. E o fluxo de prótons, por sua vez, é usado na produção de ATP. E tudo isto depende de combustíveis e de oxigênio, bem como da integridade mitocondrial. Por isso, hipóxia e doenças que afetam mitocôndrias, bem como intoxicação das organelas, são tão graves à nossa saúde. Vale lembrar que as mitocôndrias são bastante dependentes de ferro (Fe^{2+}), que faz parte da estrutura e da função dos Complexos da cadeia transportadora e de enzimas de vias metabólicas mitocondriais. Assim, na anemia ferropriva, menos ferro está disponível para que a cadeia transportadora lide com elétrons e menor será sua habilidade em gerar, portanto, o gradiente eletroquímico necessário à síntese de ATP. Pessoas que sofrem de anemia ferropriva sentem cansaço de forma mais precoce quando realizam esforço físico, dentre outros sintomas.

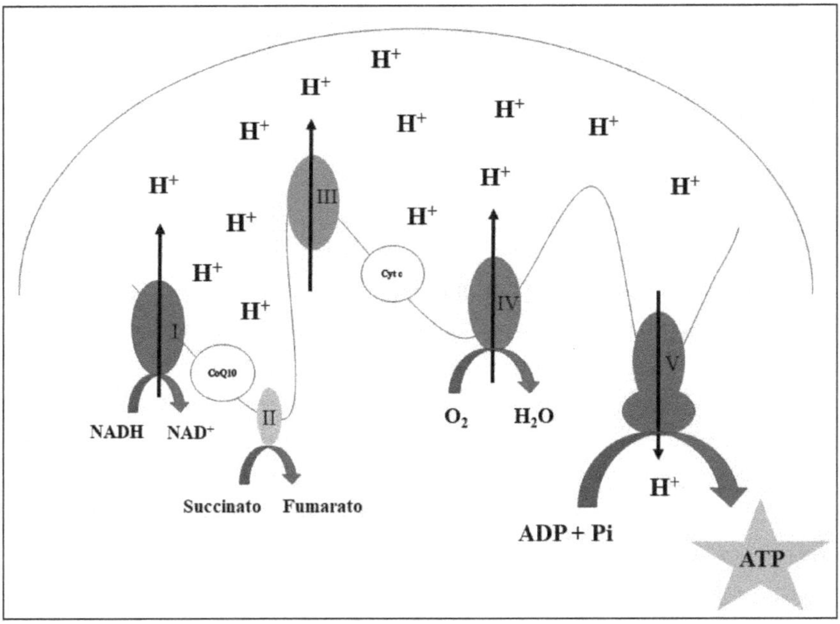

Figura 4.2. *O sistema da fosforilação oxidativa. A cadeia transportadora de elétrons é formada pelos Complexos I – IV. Estes Complexos, junto do Complexo V, formam o sistema da fosforilação oxidativa. Adaptado de "O Incrível Universo do Metabolismo Humano", deste autor.*

As mitocôndrias não atuam apenas na produção de ATP. Estas organelas possuem enzimas envolvidas em processos como síntese de glicose (pela gliconeogênese, que ocorre no fígado e no córtex renal), de lipídios e de aminoácidos. Também estão envolvidas no controle dos níveis de cálcio (Ca^{2+}) em nossas células. Participam da síntese de hormônios e atuam no controle do destino celular (morte e sobrevivência). São centrais na adaptação às diferentes formas de estresse. Percebe-se que são as principais organelas envolvidas no controle do metabolismo energético. No entanto, não atuam sozinhas. Estão intimamente relacionadas com o retículo endoplasmático, com os peroxissomos e com outras organelas, como os lisossomos, perante estímulos adequados. Na maior parte do livro, dependeremos do conhecimento associado às mitocôndrias para, de fato, compreender por que nosso metabolismo é tão incrível. Assim, haverá muito mais conteúdo sobre estas organelas nas próximas etapas desse estudo.

Referências

DEVLIN TM. *Manual de Bioquímica com Correlações Clínicas*. 7. ed. Blucher, 2011.

LIEBERMAN M, PEET A. *Marks' Basic Medical Biochemistry: A Clinical Approach*. 5. ed. LWW, 2017.

PAPA S, MARTINO PL, CAPITANIO G, GABALLO A, DE RASMO D, SIGNORILE A, & PETRUZZELLA V. *The oxidative phosphorylation system in mammalian mitochondria. Advances in Experimental Medicine and Biology*, 942: 3–37, 2012.

TYMOCZKO JL, BERG JM, STRYER L. *Bioquímica Fundamental*. 1. ed. Guanabara Koogan, 2011.

CAPÍTULO 5

O QUE OCORRE NO ORGANISMO QUANDO ESTAMOS EM JEJUM?

O jejum, também conhecido como estado pós-absortivo (pois o intestino está esvaziado), envolve uma rica integração metabólica a fim de manter nossas células viáveis até a próxima refeição. Nesse estado metabólico, reservas são mobilizadas, originando combustíveis que servem como fonte de energia (ATP) para a execução de trabalho celular. Portanto, o jejum é um momento de catabolismo, e não de anabolismo, majoritariamente. Variações hormonais importantes são observadas, e é isto que regula a integração metabólica mencionada acima, como veremos neste capítulo.

O jejum inicia cerca de duas (2) horas após a última refeição (Fig. 5.1). Deve-se considerar uma refeição completa (ou seja, contendo carboidratos, lipídios e proteínas, dentre outros componentes) neste caso. Isto porque dietas hiperproteicas, por exemplo, podem levar mais tempo para a digestão completa dos alimentos, dada sua composição. Certamente, isto também depende de cada organismo e da habilidade deste em digerir alimentos variados. Em termos didáticos, seguiremos aplicando o período de 2 h como aquele necessário para o início do jejum em termos técnicos. Neste momento, o organismo já deverá se encontrar em estado de normoglicemia, ou seja, a glicose obtida da dieta já foi captada por diferentes células e seu nível baixou na circulação. Assim, o nível de insulina, cuja liberação é estimulada, principalmente, pela glicose obtida da dieta (pelo menos, em pessoas que não sofram de diabetes *mellitus*), também cai na circulação. Em um contexto de menores concentrações de glicose e de insulina circulantes, observa-se aumento na secreção de glucagon. Este será o hormônio maestro do jejum. O glucagon é produzido pelas células alfa do pâncreas, mesmo órgão que secreta insulina (a partir das células beta). A queda da glicemia (ou seja, da concentração de glicose no sangue) é percebida pelas células-alfa, que passam, então, a secretar mais glucagon. Este hormônio também tem sua secreção estimulada por aminoácidos oriundos de dietas hiperproteicas, como veremos oportunamente.

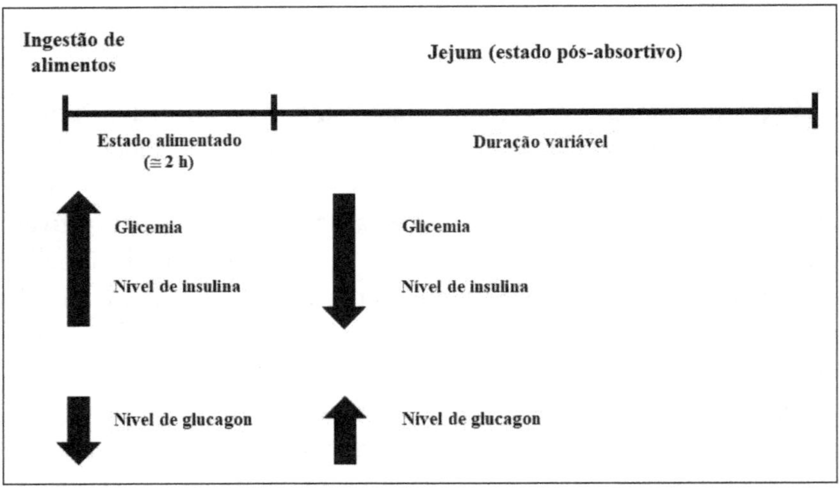

Figura 5.1. *Um resumo dos eventos metabólicos básicos observados no estado alimentado e no jejum. Adaptado de "O Incrível Universo do Metabolismo Humano", deste autor.*

Na circulação, o glucagon encontra-se livre, ou seja, não necessita de proteína de transporte, para atingir seu receptor em órgãos como fígado e tecido adiposo, fundamentais à manutenção do estado energético durante o jejum. Não há receptor para glucagon nos músculos estriados esqueléticos (como bíceps e tríceps, dentre outros) nem no coração. Assim, estes órgãos não respondem ao glucagon. No fígado, o glucagon estimula algumas vias metabólicas e bloqueia outras.

São estimuladas a glicogenólise, a gliconeogênese, o ciclo da ureia e a cetogênese, majoritariamente. Por outro lado, são bloqueadas a glicólise, a glicogênese e a síntese de lipídios, de forma mais destacada. Veremos a seguir qual o papel de cada via e do impacto da regulação dependente de glucagon (Fig. 5.2).

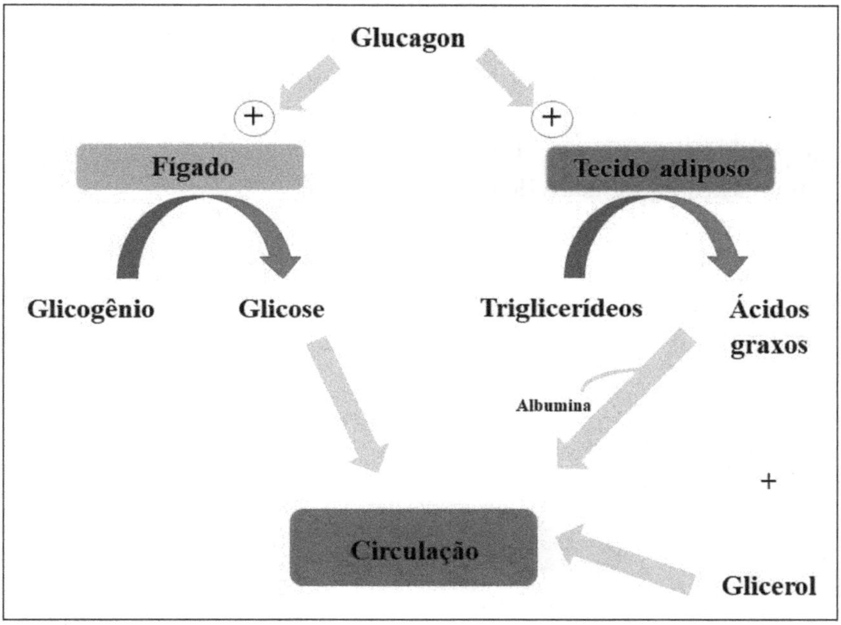

Figura 5.2. *Um resumo dos efeitos do glucagon no fígado e no tecido adiposo. Adaptado de "O Incrível Universo do Metabolismo Humano", deste autor.*

Ao reagir com seu receptor hepático, o glucagon estimula, de forma indireta, uma enzima chamada de proteína cinase A (PKA). Esta enzima passa, então, a agir sobre outras, ativando umas e inibindo outras. O efeito final disto envolve ativação da quebra de glicogênio, um polímero de glicose, pela via conhecida como **glicogenólise**. Ainda, a mesma PKA causa um bloqueio na **glicólise**, a via de oxidação da glicose. Assim, o fígado quebra glicogênio, produz glicose, mas não a utiliza. Esta glicose é enviada para a circulação e será a primeira maneira de o fígado colaborar com a manutenção da glicemia. Ao mesmo tempo que o glucagon estimula a quebra do glicogênio, que leva a uma formação rápida de glicose, também é observado aumento na expressão de enzimas da via chamada **gliconeogênese** (Fig. 5.3). Nesta via metabólica, moléculas que não são carboidratos, tais como lactato, glicerol e os aminoácidos glutamina e alanina, dentre outras, são convertidas em glicose, que é um carboidrato. Cerca de quatro a seis (4 – 6) horas após o início de jejum, já é possível observar-se um aumento significativo da síntese de glicose hepática por meio da gliconeogênese. Desta forma, o glucagon estimula duas vias metabólicas que são fonte de glicose, necessária a tantos tipos celulares neste momento de não-alimentação.

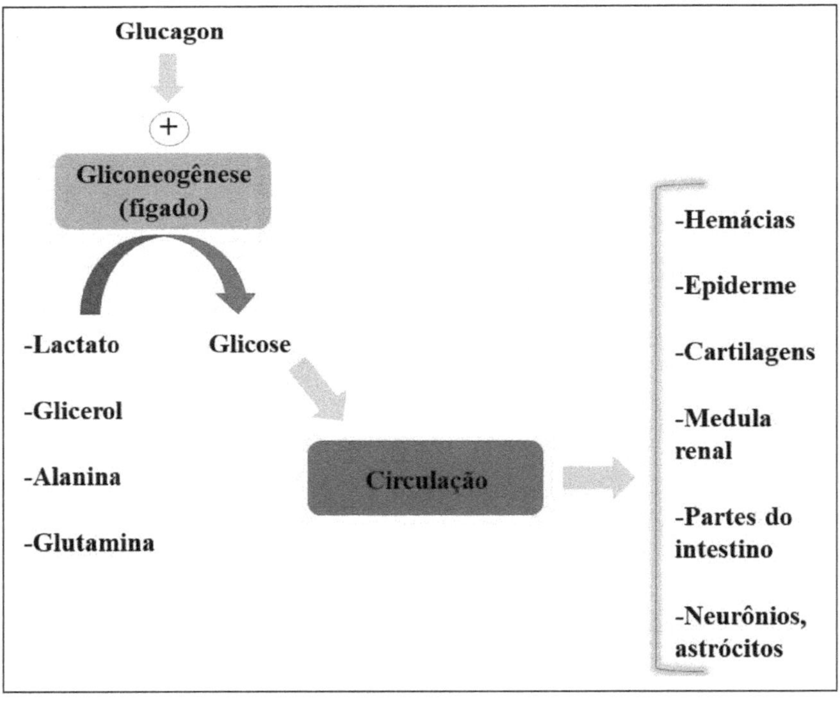

Figura 5.3. *O papel da gliconeogênese como mantenedora da glicemia ao longo de estados catabólicos, como o jejum. Adaptado de "O Incrível Universo do Metabolismo Humano", deste autor.*

O **ciclo da ureia**, responsável pela conversão de amônia (ou amônio – NH_3 e NH_4^+, respectivamente) em ureia, também tem suas enzimas sendo produzidas em maior velocidade perante estímulo de glucagon. Isto será necessário porque, em um contexto de queda na concentração de insulina, as proteínas musculares são degradadas (quebradas, clivadas) e este processo gera aminoácidos livres. Os músculos passam a usar estes aminoácidos para diversos fins, incluindo na produção de alfa-cetoácidos que servirão de combustíveis para as fibras musculares. Neste processo, forma-se amônia, que deve ser exportada dos músculos na forma de aminoácidos como glutamina e/ou alanina, dependendo do estado metabólico. Ao chegarem no fígado, são metabolizados e gera-se amônia, que é excretada na urina como ureia. A cadeia de carbonos daqueles aminoácidos serve como fonte de glicose na gliconeogênese, dentre outros destinos. Tanto a gliconeogênese quanto o ciclo da ureia são energeticamente custosos, e combustíveis deverão ser oxidados para que o fígado obtenha a energia necessária para a manutenção daquelas vias, dada sua importância. No caso de falência hepática, menos glicose será produzida e mais amônia sobrará livre no meio. A hipoglicemia afetaria diversas células dependentes de glicose e a amônia poderia induzir efeitos nocivos a, praticamente, qualquer tipo celular nucleado (neurônios, hepatócitos, músculos, outros). Então, quais são os combustíveis usados pelo fígado neste momento tão delicado? O fígado consome ácidos graxos e alfa-cetoácidos derivados de aminoácidos como substratos energéticos, sendo, portanto, capaz de gerar ATP mais que o suficiente para gerar glicose pela gliconeogênese e para converter a amônia em ureia, evitando intoxicação.

O glucagon, como mencionado acima, também age no tecido adiposo. Naquele órgão, este hormônio estimula a **lipólise**, ou seja, a quebra de triglicerídeos com consequente formação de ácidos graxos e glicerol (um precursor de glicose no fígado). Os ácidos graxos, que são lipídios (portanto, insolúveis em água na concentração formada pela lipólise), ligam-se à albumina (uma proteína de transporte) e, a partir da circulação, são entregues a órgãos como fígado, músculos, coração e rins, dentre outros. No fígado, são oxidados e usados na síntese de ATP em conjunto com os alfa-cetoácidos derivados de aminoácidos. O ATP formado é imediatamente utilizado pelos hepatócitos tanto na gliconeogênese quanto no ciclo da ureia, bem como em diversas outras reações químicas dependentes de ATP. Nos músculos e no coração, os ácidos graxos e os alfa-cetoácidos derivados de aminoácidos também devem ser oxidados para garantir o estado energético necessário ao trabalho daqueles órgãos. A oxidação destes substratos energéticos é altamente dependente de mitocôndrias e de boa oxigenação celular: ou seja, no caso de disfunção mitocondrial e/ou de hipóxia, não há como gerar ATP a partir daquelas moléculas nas mitocôndrias. Neste contexto, percebe-se a importância do tecido adiposo (como fonte de ácidos graxos) e dos músculos (como fonte de aminoácidos que originarão os alfa-cetoácidos) como mantenedores, direta ou indiretamente, do estado energético de todo o organismo.

A glicose produzida pelo fígado, conforme mencionado acima, é exportada para a circulação e, a partir desta, é usada por células que dependem quase que exclusivamente deste carboidrato como fonte energética (Fig. 5.4). Hemácias e algumas células do cristalino, por não conterem mitocôndrias, consomem apenas glicose como fonte de ATP. Em tecidos como a epiderme (camada superficial da pele), cartilagens e cristalino, não há vasos sanguíneos (são estruturas avasculares). Assim, sua nutrição é dependente de difusão, ou seja, de um fluxo lento de nutrientes e de gás oxigênio que vem de tecidos vizinhos portadores de vasos sanguíneos. Isto afeta a oxigenação celular e a atividade mitocondrial. Desta forma, a glicose resta como principal combustível para aquelas regiões de nosso corpo. A medula renal, parte interior dos rins, é pobre em vasos sanguíneos e, por motivo semelhante, apresenta baixa oxigenação. Depende, então, de glicose como substrato energético. Desta forma, percebe-se que há um número bastante alto de células que dependem da manutenção da glicemia para não morrerem. Neurônios podem usar outras moléculas como combustíveis, no entanto, especialmente nas primeiras horas do jejum, são altamente dependentes de glicose e, portanto, da manutenção da glicemia para seguirem com suas funções. Queda brusca na glicemia afetaria, de maneira significativa, a função neuronal.

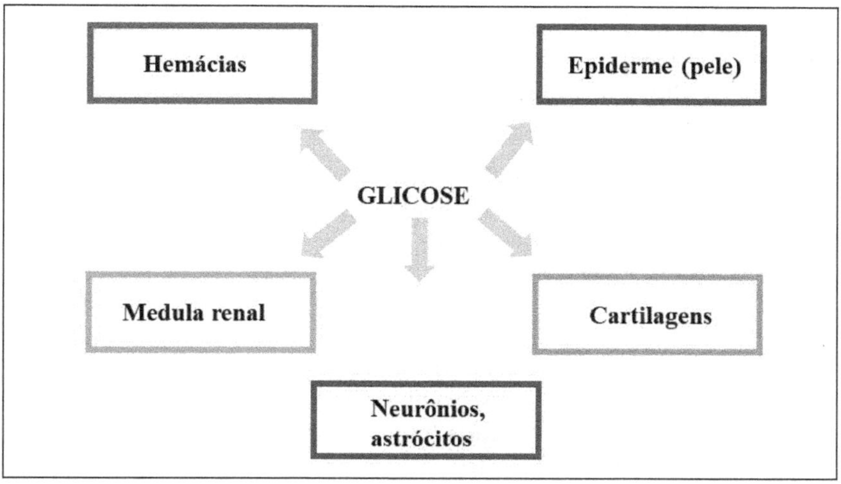

Figura 5.4. *Um resumo das células que dependem de glicose em maior grau no organismo humano. Adaptado de "O Incrível Universo do Metabolismo Humano", deste autor.*

Os ácidos graxos não servem apenas como substrato energético ao fígado. Conforme são oxidados, geram, além de outras moléculas, o acetil-coenzima A (acetil-CoA). Parte das moléculas de acetil-CoA serve como matéria-prima para a síntese de corpos cetônicos (cetogênese) no fígado. Os corpos cetônicos acetoacetato e beta-hidroxiacetato são exportados do fígado para a circulação e, de lá, podem ser captados por células como fibras musculares e cardíacas e neurônios. As enzimas da cetogênese têm sua expressão induzida pelo glucagon, o que favorece aumento na produção de corpos cetônicos conforme o jejum avança. Após cerca de seis (6) horas de jejum, já se tem uma produção significativa de corpos cetônicos, que ao serem oxidados, diminuem o consumo de glicose pelos neurônios. A médio e longo prazos, o uso destas moléculas, pelos neurônios, alivia a necessidade da gliconeogênese e do ciclo da ureia, já que menos glicose precisa ser produzida pelo fígado pela gliconeogênese, já que seu consumo foi diminuído. A diminuição na velocidade da gliconeogênese gera um outro efeito: já que menos aminoácidos estão sendo transformados em glicose, menores serão a produção de amônia e a necessidade em transformar esta amônia em ureia. Isto gera uma economia de ATP para o fígado, o que é estratégico, já que alimentos não estão sendo ingeridos (ou isto ocorre de maneira insuficiente, não elevando a glicemia de forma significante). E qual a relação entre a transformação de aminoácidos em glicose e a formação de amônia? A glicose é um carboidrato simples e, como tal, não apresenta átomos de nitrogênio em sua molécula. Assim, quando aminoácidos (que são moléculas nitrogenadas) são transformados em glicose, seu grupo amina (que contém o átomo de nitrogênio) deve ser removido. Isto ocorre de duas maneiras, basicamente: por transaminação ou desaminação, sendo que esta última gera amônia livre no meio. Desta forma, quando aminoácidos são usados na gliconeogênese, invariavelmente, observa-se aumento também na velocidade do ciclo da ureia.

Situações como hipoglicemia e necessidade de responder a estresse levam à secreção de adrenalina, uma catecolamina, pelas glândulas adrenais. Em termos metabólicos, a adrenalina potencializa os efeitos do glucagon, caso a pessoa esteja em jejum durante estímulo sobre a secreção da catecolamina (Fig. 5.5). Em estado alimentado, a adrenalina atua contra os efeitos da insulina, promovendo mobilização (ou seja, uso) de reservas energéticas, e não sua produção. Assim, o efeito da insulina é menor enquanto a adrenalina está circulando em concentração aumentada. Isto é importante quando há necessidade de responder a algum fator de risco, que gere estresse de diferentes formas. No entanto, pode ser prejudicial se vier a ocorrer de forma repetida ao longo do tempo.

Vimos, então, que o glucagon age como um maestro, coordenando reações em diversos tipos celulares para que o todo seja mantido. Um fígado saudável consegue manter a glicemia estável por mais de quarenta (40) dias, desde que a pessoa ingira água (a desidratação mata em poucos dias). Fígado, tecido adiposo e músculos são os órgãos mais importantes quanto à regulação da glicemia ao longo do jejum. O córtex renal também pode produzir glicose, mas é algo, inicialmente, mais importante para si mesmo, já que a medula renal, devido à pobre vascularização, é pouco oxigenada e depende, majoritariamente, de glicose como combustível. É importante lembrar que, em algumas pessoas, é possível ocorrer aumento na secreção de adrenalina

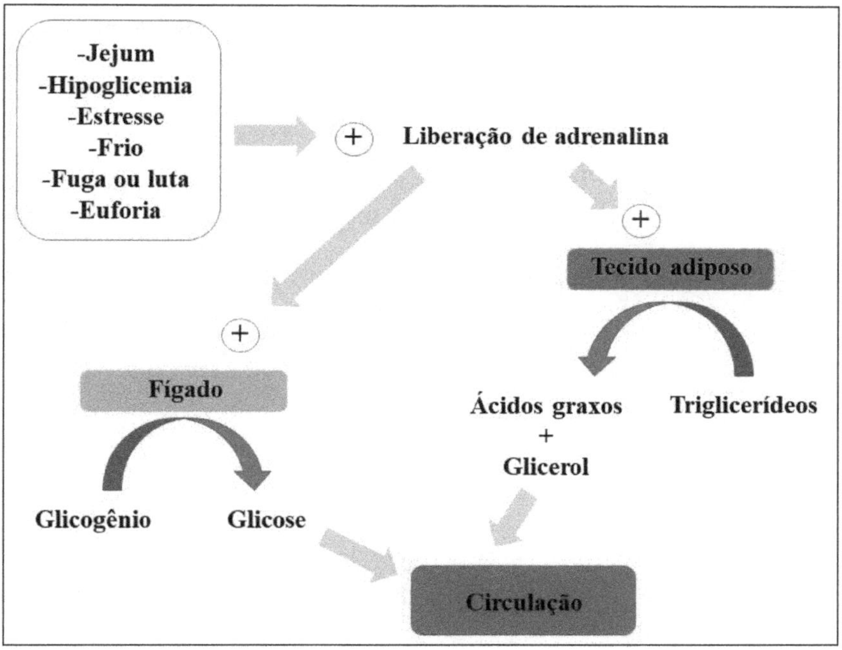

Figura 5.5. *As ações da adrenalina no controle do metabolismo energético em humanos. Adaptado de "O Incrível Universo do Metabolismo Humano", deste autor.*

quando em jejum. Isto pode tanto ser fruto de hipoglicemia como algo mais ligado ao comportamento de busca por alimento. A adrenalina poderia estar relacionada, portanto, à irritabilidade observada em pessoas com fome. Não seria o único mediador, naturalmente, deste comportamento complexo, mas parte importante. Além disso, a adrenalina pode potencializar os efeitos do glucagon, pois estimula a glicogenólise hepática e a lipólise no tecido adiposo.

Referências

DEVLIN TM. *Manual de Bioquímica com Correlações Clínicas*. 7. ed. Blucher, 2011.

LIEBERMAN M, PEET A. *Marks' Basic Medical Biochemistry: A Clinical Approach*. 5. ed. LWW, 2017.

TYMOCZKO JL, BERG JM, STRYER L. *Bioquímica Fundamental*. 1. ed. Guanabara Koogan, 2011.

CAPÍTULO 6

O QUE OCORRE NO ORGANISMO QUANDO NOS ALIMENTAMOS?

De acordo com a composição de cada refeição, poderemos observar efeitos variados no organismo. Dietas equilibradas, que contêm determinadas quantidades de carboidratos, lipídios e proteínas (micronutrientes não são considerados neste contexto, pois pouco ou nenhum efeito têm na indução da secreção de um hormônio ou outro envolvido no controle do metabolismo energético), portanto, promovem aumento na glicemia e, devido a isto, estimulam a secreção de insulina. Hiperglicemia e hiperinsulinemia, que são uma consequência e uma resposta fisiológicas (normais), respectivamente, suprimem a secreção de glucagon, o hormônio maestro do jejum discutido acima. Assim, observa-se um estado de anabolismo, ou seja, de aumento na taxa de construção de diversas moléculas, incluindo glicogênio (polímero de glicose), lipídios diversos (ácidos graxos, triglicerídeos, colesterol, fosfolipídios) e proteínas diversas. A insulina é o hormônio mais poderoso no controle do metabolismo de carboidratos. O nível deste hormônio fica elevado por cerca de 1,5 – 2 horas na circulação, tempo suficiente para que estimule a síntese das moléculas citadas, dentre outros efeitos (Fig. 6.1).

A hiperglicemia observada após a refeição é fisiológica se for transitória, ou seja, se não for duradoura. Em pessoas saudáveis, a glicose tem sua captação e sua utilização estimuladas pela insulina. No fígado, a captação de glicose se dá via GLUT2 (transportador de glicose número 2). Este transporte é dependente apenas da

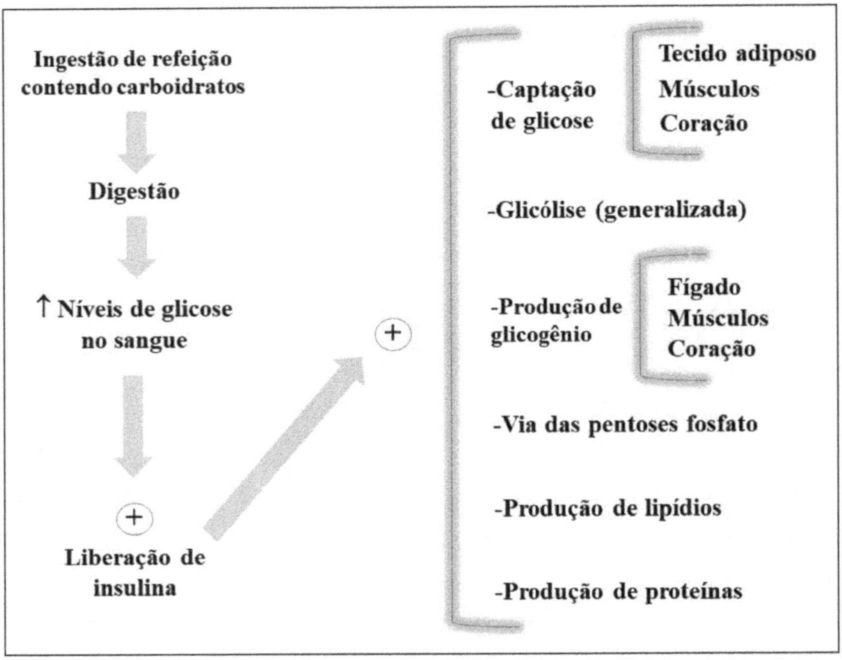

Figura 6.1. *Uma síntese dos efeitos das insulina em diferentes órgãos. Adaptado de "O Incrível Universo do Metabolismo Humano", deste autor.*

concentração de glicose circulante: quando os níveis de glicose se elevam de forma significativa no sangue, o fígado consegue captá-la a favor do gradiente de concentração (ou seja, do compartimento que tem maior concentração de glicose para aquele que tem menor concentração). No citoplasma do hepatócito (principal célula do fígado), a glicose é fosforilada (recebe um grupo fosfato – PO_4^-) e pode ter vários destinos: **a)** seguir a oxidação na glicólise, gerando ATP e uma molécula conhecida como piruvato, que continuará sua oxidação nas mitocôndrias; **b)** gerar ribose-5-fosfato e uma molécula reduzida conhecida como NADPH, as quais são necessárias, respectivamente, à síntese de nucleotídeos e como fonte de elétrons na síntese de lipídios (dentre outras funções), e **c)** servir de substrato para a síntese de glicogênio. A continuação da oxidação de piruvato, nas mitocôndrias, gera acetil-CoA, que é usada como fonte de átomos na síntese de lipídios, ou seja, carboidratos são uma fonte de átomos para a produção de lipídios no fígado que, inclusive, é o principal órgão responsável também pela síntese deste tipo de molécula.

A insulina é necessária para que as fibras musculares e os adipócitos captem glicose circulante por meio do transportador GLUT4. Este transportador encontra-se no citoplasma daquelas células e sua migração para a membrana plasmática ocorre via sinal dependente de insulina. Ao chegar na membrana plasmática, capta a glicose, causando um aumento na concentração deste carboidrato dentro das células. Os músculos utilizam a glicose como fonte de ATP e na construção de moléculas de glicogênio, principalmente. A síntese de glicogênio, assim como a de proteínas, é estimulada por insulina nos músculos. No tecido adiposo, a glicose será oxidada na glicólise, rendendo ATP. Além disso, parte dos átomos oriundos da glicose são destinados à síntese de glicerol-3-fosfato, necessário à produção de triglicerídeos no tecido adiposo. Os ácidos graxos são produzidos no fígado, que gera, imediatamente, triglicerídeos também usando glicerol-3-fosfato oriundo da glicose durante o estado alimentado. Após serem embalados (junto de ésteres de colesterol e fosfolipídios) em lipoproteínas conhecidas como VLDL (do inglês *very low density lipoprotein*, ou lipoproteínas de densidade muito baixa), são exportados do fígado para a circulação. Lá, interagem com HDL (do inglês *high density lipoprotein*, ou lipoproteína de alta densidade) e recebem proteínas que permitem que seus triglicerídeos sejam clivados no tecido adiposo pela lipase lipoproteica. A reação mediada por esta enzima gera ácidos graxos e glicerol. Os ácidos graxos são captados pelo tecido adiposo, que os liga ao glicerol-3-fosfato oriundo da glicose. Assim, são gerados os triglicerídeos que ficam armazenados no tecido adiposo até o início do jejum. O tecido adiposo, então, não tem habilidade em sintetizar ácidos graxos como o fígado, e depende deste órgão para armazenar triglicerídeos. A insulina, então, é de fundamental importância para que os adipócitos produzam glicerol-3-fosfato para poder armazenar triglicerídeos. Caso contrário, a remoção de triglicerídeos da circulação seria diminuída, causando hipertrigliceridemia. Além disso, a própria lipase lipoproteica é estimulada, em vários níveis de regulação, pela insulina. É por isso que, em pacientes dependentes de insulina, observa-se hipertrigliceridemia com mais frequência e em maior intensidade: a remoção destas moléculas a partir da circulação é diminuída na ausência de insulina ou quando a sinalização dependente desta é insuficiente. Trataremos de diabetes *mellitus* neste livro quando oportuno.

Então, quando se observa hiperglicemia e hiperinsulinemia após a refeição, tem-se um panorama de anabolismo representado por todas as grandes classes de biomoléculas de nosso organismo: carboidratos, lipídios e proteínas. A intensidade da síntese de cada uma destas varia de acordo com a biologia de cada tipo celular, conforme exemplificado acima. No entanto, como o organismo reage a dietas que não contêm carboidratos (ou a quantidade destes é ínfima)?

Em refeições pobres em carboidratos, como as dietas hiperproteica e hiperlipídica, observa-se menor estímulo sobre a secreção de insulina (ou, inclusive, nenhuma secreção deste hormônio). Na dieta hiperproteica, como o próprio nome indica, há ingestão de elevada quantidade de proteínas. Após a digestão das proteínas, os aminoácidos formados são absorvidos no intestino e sua concentração sanguínea se eleva. Alguns destes aminoácidos estimulam a secreção pancreática de glucagon, cujos níveis sanguíneos se elevam acima daquilo observado no jejum. Ou seja, o jejum é seguido de uma refeição pobre em carboidratos, que fornece pouca glicose e tem, portanto, baixo impacto na glicemia. Desta forma, é o glucagon que segue como maestro do metabolismo energético humano, já que a glicemia não subiu após a dieta. E por que glucagon segue sendo o mais importante hormônio neste contexto? Porque a glicemia deve ser mantida para que as células e tecidos citados acima, como hemácias, epiderme e cartilagens, dentre outros, sigam tendo acesso ao único combustível que conseguem oxidar e gerar ATP. A dieta hiperproteica é usada para emagrecimento, já que induz um estado de catabolismo mesmo após a ingestão de alimento. Isto ocorre porque o glucagon segue estimulando a lipólise no tecido adiposo e a gliconeogênese e o ciclo da ureia no fígado. Alguns dos aminoácidos ingeridos servirão, inclusive, como substratos gliconeogênicos, ou seja, serão usados na síntese de glicose. Assim, a velocidade do ciclo da ureia se eleva para converter amônia, cuja formação é observada em velocidade elevada neste tipo de dieta, em ureia. Percebe-se, então, que o trabalho do fígado aumenta neste contexto, já que ocorre aumento na oferta de substrato tanto para a gliconeogênese quanto para o ciclo da ureia. Como a lipólise segue sendo estimulada, não se observa queda no estado energético hepático, pois não faltam combustíveis a este órgão. É importante salientar que alguns dos aminoácidos ingeridos servirão como fonte de alfa-cetoácidos para consumo próprio pelo fígado. Embora se saiba que esta dieta induza secreção de insulina em baixos níveis (já que há aminoácidos capazes de atuar nas células beta do pâncreas), isto não ocorre de maneira suficientemente intensa a ponto de induzir um estado de anabolismo no organismo. Na dieta hiperlipídicas, observa-se algo bem parecido. No entanto, o estímulo sobre a gliconeogênese e o ciclo da ureia não é tão forte, já que ácidos graxos não são nem fonte significativa de átomos para a síntese de glicose nem de amônia para o ciclo da ureia.

Referências

DEVLIN TM. *Manual de Bioquímica com Correlações Clínicas*. 7. ed. Blucher, 2011.

LIEBERMAN M, PEET A. *Marks' Basic Medical Biochemistry: A Clinical Approach*. 5. ed. LWW, 2017.

TYMOCZKO JL, BERG JM, STRYER L. *Bioquímica Fundamental*. 1. ed. Guanabara Koogan, 2011.

CAPÍTULO 7

FÍGADO COMO UM PROTAGONISTA NO METABOLISMO ENERGÉTICO

O fígado, conforme brevemente ilustrado nos capítulos anteriores, atua, intensamente, na manutenção do estado energético de todo o organismo tanto de forma direta quanto indireta (Fig. 7.1). Durante o jejum, produz glicose, inicialmente, a partir do glicogênio (polímero de glicose que foi produzido durante o estado alimentado, conforme explicado anteriormente) e, conforme aquele estado metabólico avança, passa também a gerar glicose a partir de moléculas diversas por meio da gliconeogênese. Embora seja o principal sítio de produção de glicose durante estados catabólicos, como o jejum, não consome este combustível, permitindo que a glicose seja exportada para o sangue. A partir da circulação, a glicose é captada por células que dependem, quase que exclusivamente, deste carboidrato para fins energéticos, como as hemácias e as células da epiderme (na pele), do cristalino e de cartilagens, para relembrar alguns. Além disso, nas horas iniciais do jejum, o sistema nervoso central é bastante dependente de glicose.

Para manter a produção contínua de glicose, o fígado precisa de fontes de energia, como ácidos graxos e alfa-cetoácidos derivados de aminoácidos. Ácidos graxos não são transformados em glicose (pelo menos, não em sua totalidade), mas alguns alfa-cetoácidos derivados de glicose, além de serem fonte energética para o fígado, também podem ser usados na produção daquele carboidrato. Assim, ao mesmo tempo que o fígado gera alfa-cetoácidos para fins energéticos, também transforma parte destes em glicose. O fígado não consome

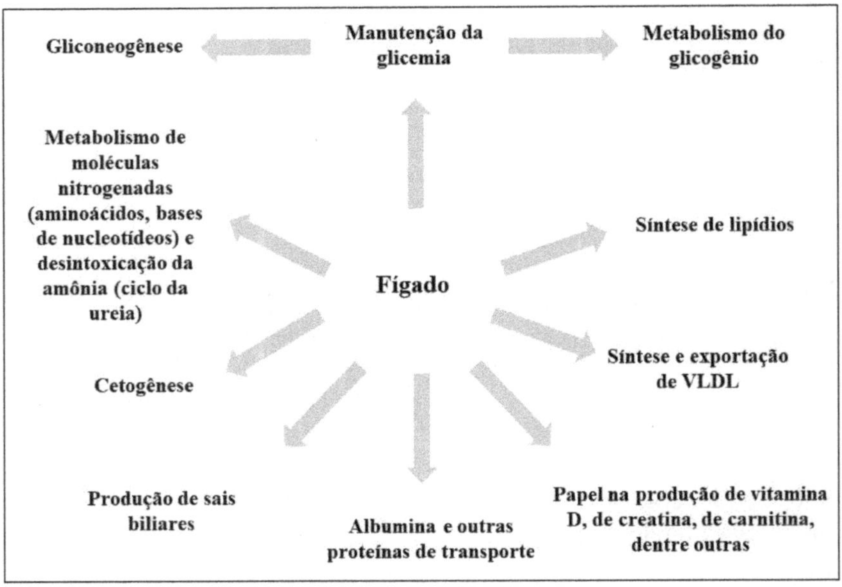

Figura 7.1. *Um resumo das ações metabólicas do fígado. Adaptado de "O Incrível Universo do Metabolismo Humano", deste autor.*

corpos cetônicos, embora seja o único órgão capaz de produzi-los. Mais uma ação que, inicialmente, pode ser vista como altruísta, mas não é: corpos cetônicos são produzidos a partir de acetil-coenzima A (acetil-CoA), oriundo, majoritariamente, da oxidação de ácidos graxos pelo fígado. Conforme avança na oxidação destes lipídios, o que ocorre de forma simultânea à oxidação dos alfa-cetoácidos citados, é possível alcançar um estado momentâneo de plenitude energética (ou seja, de formação elevada de ATP, dentre outras moléculas indicadoras de estado energético pleno). Neste momento, o acetil-CoA deixa de ser oxidado na via chamada de ciclo de Krebs e é destinado à produção e corpos cetônicos, ou seja, em momentos de "sobra" de ATP, mesmo que momentâneos, o fígado produz e envia para outros tecidos moléculas que servem como combustíveis alternativos. Não houve prejuízo, em nenhum momento, ao fígado quando deixou de consumir acetil-CoA para seus próprios fins. Pelo contrário, a sobra desta molécula é algo natural e seguro e que ocorre de forma flutuante. A via de produção dos corpos cetônicos se chama cetogênese e é bastante importante ao organismo como um todo durante o jejum, conforme analisado no capítulo que tratou de jejum.

Então, o fígado produz glicose e corpos cetônicos para outros tipos celulares consumirem. No entanto, as funções do fígado não se resumem ao estado de jejum, conforme esperado. No estado alimentado, o fígado recebe lipídios vindos do intestino embalados em uma lipoproteína conhecida como quilomícron. Após processar estes lipídios, são gerados os triglicerídeos (moléculas que contêm três ácidos graxos ligados ao glicerol-3-fosfato). Estes triglicerídeos devem ser exportados do fígado, após empacotamento na lipoproteína de densidade muito baixa (VLDL), para a circulação, de onde são captados por diferentes tipos celulares para diferentes fins. Neste contexto, o fígado é o principal órgão produtor de lipídios (e de VLDL) no organismo humano, mas não é capaz de os armazenar. A VLDL circulante reage com células do tecido adiposo, os adipócitos, e após seu processamento, são gerados triglicerídeos que seguem para armazenamento naquele órgão (sim, embora a palavra "tecido" seja usada para identificá-lo, trata-se de um órgão que, inclusive, é bastante complexo). O tecido adiposo, então, armazena triglicerídeos até que seja necessária sua mobilização em estados catabólicos (jejum, atividade física, resposta a estresse de tipos variados, ingestão de dieta pobre em carboidratos, dentre outros). A partir dos triglicerídeos armazenados, são gerados ácidos graxos e glicerol pela enzima chamada de lipase hormônio-sensível no processo conhecido como lipólise. Os ácidos graxos são embalados em uma proteína de origem hepática, a albumina, e passam a circular de forma segura no sangue. A partir daí, são captados por tecidos diversos. Ainda em relação ao metabolismo de lipídios, mais especificamente, de ácidos graxos (que são as formas oxidáveis de lipídios em termos de produção de ATP), o fígado é produtor de carnitina, molécula necessária para a transferência de ácidos graxos para as mitocôndrias. Tanto os ácidos graxos de cadeia longa como partes de ácidos graxos oriundas da organela conhecida como peroxissomos são dependentes, então, precisam de carnitina para ingressar nas mitocôndrias, seguindo sua oxidação e servindo, portanto, como combustíveis. A carnitina tem uma síntese complexa, que depende de três órgãos, pelo menos: músculos, rins e fígado. A partir da degradação de proteínas musculares, geram-se moléculas chamadas de trimetil-lisina, que são transferidas aos rins. Neste últimos, aquelas moléculas são processadas, levando à produção da matéria-prima que o fígado utilizará na síntese de carnitina. Esta é exportada do fígado e captada por qualquer órgão que possa oxidar ácidos graxos como combustíveis. O fígado, então, não apenas sintetiza ácidos graxos e triglicerídeos, mas também propicia um conjunto de moléculas para transporte e utilização destas moléculas, algo crucial para a manutenção da saúde de todo o organismo tanto no jejum quanto no estado alimentado. Além da albumina, o fígado também produz globulinas diversas que atuam no transporte de moléculas hidrofóbicas tanto de natureza endógena quanto exógena.

Outra função hepática relacionada ao metabolismo humano é a de síntese de creatina. Bastante popular entre pessoas que praticam atividades físicas, a creatina é uma molécula que, após fosforilada, ou seja, quando usada na síntese de creatina-fosfato, serve como fonte de fosfato de alta energia para o recicle de ATP a partir de ADP. A creatina fosfato é uma fonte de energia, principalmente, para as contrações iniciais de qualquer tipo de movimento (seja aeróbico ou anaeróbico). Dependendo da duração da atividade física, é uma das principais fontes de fosfato para ATP. É importante perceber que a creatina fosfato não é um combustível como são a glicose, os ácidos graxos, os corpos cetônicos e os alfa-cetoácidos derivados de aminoácidos, pois não é oxidada como aquelas moléculas. Não é quebrada, portanto, de qualquer forma, para gerar ATP. Também é importante citar que a creatina-fosfato é originada via transferência de um grupo fosfato a partir do ATP para a creatina via creatina cinase. E, quando o momento exige, este grupo fosfato retorna ao ADP, por meio da mesma enzima, gerando ATP que é a molécula energética de uso em diversos sistemas que executam trabalho no organismo humano, como aquele envolvido na contração muscular. A síntese de creatina inicia nos rins e termina no fígado. Desta forma, a preservação de rins e de fígado é fundamental à manutenção da saúde muscular em mais de um aspecto, já que ambos também estão envolvidos na produção de carnitina, necessária à transferência e, consequentemente, pela oxidação de ácidos graxos pelos músculos e outros tipos celulares.

O metabolismo de moléculas nitrogenadas não se limita ao uso de aminoácidos como fonte de alfa-cetoácidos no fígado. Este também é um dos principais produtores de bases nitrogenadas e nucleotídeos que servirão à síntese de DNA (ácido desoxirribonucleico) e de RNA (ácido ribonucleico) nos hepatócitos e em demais tipos celulares. As bases nitrogenadas são aquelas letrinhas que aprendemos, em algum estágio de nossa formação, como a parte relacionada à informação no DNA: A, T, C e G. Estas são as bases adenina (A), timina (T), citosina (C) e guanina (G). A construção destas moléculas depende de aminoácidos como glutamina, glicina e aspartato, dentre outras moléculas. A base nitrogenada está associada à molécula de ribose-5-fosfato, derivada da glicose, e formará o nucleotídeo que poderá ser exportado do fígado. Então, as partes que compõem o DNA e o RNA de outros tipos celulares são produzidas no fígado em um processo também energeticamente custoso.

Fígado é, então, um protagonista do metabolismo durante o jejum. Neste capítulo, tratamos apenas das funções relacionadas ao metabolismo energético humano. No entanto, o fígado ainda participa da produção de vitamina D, e é fonte de angiotensinogênio (importante na regulação da pressão arterial), de transferrina (proteína necessária ao transporte de ferro) e de fibrinogênio (necessário para a formação de fibrina em processos de coagulação). O fígado também é o principal sítio de biotransformação de xenobióticos (ou seja, de moléculas exógenas e não produzidas pelo organismo humano). Fala-se em "depuração" de moléculas estranhas ao corpo, com consequente eliminação a fim de evitar o acúmulo. São xenobióticos os fármacos, os poluentes (dependendo de sua forma química e do que possam originar, sua metabolização ocorrerá também em outros órgãos, como os pulmões), as moléculas de origem vegetal e os aditivos alimentares, dentre outras que nossas células não reconhecem como próprias. Retornaremos à discussão sobre o papel do fígado no metabolismo energético humano em diversas outras partes do livro, dada sua importâncias neste aspecto, e mais exemplos serão discutidos sempre que necessário neste contexto.

Referências

DEVLIN TM. *Manual de Bioquímica com Correlações Clínicas*. 7. ed. Blucher, 2011.

LIEBERMAN M, PEET A. *Marks' Basic Medical Biochemistry: A Clinical Approach*. 5. ed. LWW, 2017.

TYMOCZKO JL, BERG JM, STRYER L. *Bioquímica Fundamental*. 1. ed. Guanabara Koogan, 2011.

CAPÍTULO 8

QUAIS OS PRINCIPAIS COMBUSTÍVEIS PARA NOSSOS ÓRGÃOS?

A utilização de um combustível ou outro pelas células não é aleatória: de nada adianta oferecer um substrato energético para um tipo celular qualquer se este não tem a habilidade mínima para utilizá-lo. Esta habilidade está relacionada a requisitos que devem ser preenchidos para o uso de uma molécula qualquer como combustível, portanto. De forma sucinta, a oxidação completa de um combustível (ou seja, quando são gerados gás carbônico e água no processo, além de ATP e demais moléculas de alto valor energético) depende da presença de oxigênio, de mitocôndrias e de enzimas (as quais mediarão reações químicas com participação ou não de coenzimas e cofatores). Analisaremos estas questões por meio de exemplos. Além disso, para um combustível ser oxidado, a célula deve ter acesso ao mesmo. Nem sempre isto é fácil, dada a presença de barreiras biológicas como placenta e barreira hematoencefálica.

As hemácias (células vermelhas do sangue) não contêm mitocôndrias, portanto, dependem de glicose para obter ATP, mantendo sua viabilidade. Na ausência de mitocôndrias, a célula não consegue oxidar ácidos graxos, corpos cetônicos e/ou alfa-cetoácidos derivados de aminoácidos. É também por causa desta característica peculiar das hemácias que a manutenção da glicemia é tão importante, principalmente, durante estados catabólicos, como o jejum e a prática de exercícios físicos (que podem ocorrer de forma simultânea, inclusive). Caso a glicemia caia de forma abrupta, a síntese de ATP nas hemácias pode cair, o que pode provocar hemólise, ou seja, rompimento da membrana plasmática desta célula, com consequente liberação de seu conteúdo na circulação. Isto afetaria, por exemplo, a distribuição de gás oxigênio e de gás carbônico no organismo. Assim, tanto a oxigenação tecidual em geral seria diminuída como também a remoção de gás carbônico seria menos eficiente, facilitando seu acúmulo e a reação deste com água, o que gera ácido carbônico. Hipoglicemia severa, da forma que levaria ao quadro descrito acima, pode surgir em casos de intoxicação com bebidas alcoólicas. É importante lembrar que o transportador de glicose presente na membrana plasmática da hemácia (GLUT1) apresenta alta afinidade pelo substrato. Desta forma, capta glicose mesmo quando as concentrações deste carboidrato são bastante baixas na circulação. No entanto, como outras células dependem muito de glicose como combustível, a glicemia já baixa poderia cair ainda mais, afetando não apenas as hemácias, mas o organismo como um todo, como veremos a seguir.

Conforme mencionado, não são apenas as hemácias que dependem de glicose como combustível. Células localizadas na epiderme (camada superficial da pele) e nas cartilagens possuem mitocôndrias, mas os tecidos dos quais fazem parte não são vascularizados, ou seja, não contêm vasos sanguíneos. Assim, a epiderme depende da derme para receber nutrientes por meio de difusão, um processo lento de distribuição de moléculas de acordo com a concentração destas em um dado compartimento: moléculas em geral migram de onde estão mais concentradas para o ambiente no qual sua concentração é menor. Como a derme é vascularizada, recebe nutrientes (e gás oxigênio) em altas concentrações, distribuindo para a epiderme o que esta precisa para se manter. Menos gás oxigênio, então, alcança a epiderme e a atividade das mitocôndrias deste tecido é mais baixa. O mesmo é observado em cartilagens, que recebem nutrientes do tecido conjuntivo próximo, dependendo de difusão a partir deste para manterem-se viáveis. Então, epiderme e cartilagens também são bastante dependentes de glicose, em qualquer estado metabólico (como as hemácias), porque apresentam baixa habilidade de oxidar outros combustíveis. Um caso peculiar é o de células do cristalino: nesta parte do olho, não há vasos sanguíneos, ocorrendo situação similar àquela observada na epiderme e nas cartilagens. Além disso, em algumas destas células, ocorre diminuição na quantidade de mitocôndrias, podendo mesmo haver sua eliminação completa. Isto obriga as células do cristalino a utilizarem glicose como combustível. A medula renal, porção profunda dos rins, é pouco vascularizada (menos oxigenada, portanto) e, por isso, também depende de glicose como principal combustível em qualquer estado metabólico tal qual os outros tecidos e células citadas. Neste ponto, pode-se recordar de algo relevante: apenas glicose rende ATP mesmo na ausência completa de gás oxigênio (e de mitocôndrias). Glicose é, portanto, bastante versátil neste sentido, já que gera ATP tanto na presença quanto na ausência daquele gás.

Manter a glicemia é fundamental porque há células que consomem apenas glicose como combustível!

Por outro lado, fígado, músculos esqueléticos (estes que dão forma ao corpo), coração e córtex renal são bastante hábeis em consumir diferentes combustíveis. No entanto, isto é limitado pelo estado metabólico e, consequentemente, pelos níveis de determinados hormônios na circulação. Estes órgãos são bem vascularizados e suas células possuem mitocôndrias em grande quantidade. Recebem, então, gás oxigênio em concentração que permita a oxidação de qualquer tipo de combustível pelas mitocôndrias, embora haja exceções. No estado alimentado (que induza hiperglicemia e hiperinsulinemia), todos estes órgãos conseguem captar glicose, utilizando-a como combustível, dentre outros fins. No fígado, por exemplo, o transportador de glicose (GLUT2) está sempre presente na membrana plasmática das células, mas apresenta baixa afinidade pelo substrato. Isto indica que glicose é captada pelas células hepáticas (os hepatócitos) apenas quando sua concentração na circulação for alta, o que se observa após a ingestão de refeição contendo carboidratos. A insulina será necessária para sinalizar que os hepatócitos estão livres para consumir a glicose captada (tanto como fonte de energia como para outros fins, como na síntese de glicogênio, de lipídios, de pentoses fosfato e de outras moléculas). Algo diferente é observado em células musculares esqueléticas (músculos em geral) e cardíacas (principais componentes do coração): o transportador de glicose (GLUT4) depende de insulina para migrar para a membrana plasmática destas células. O GLUT4 encontra-se internalizado, nas células musculares, em membranas formadoras de vesículas. Perante o sinal de insulina, as vesículas migram para a membrana plasmática das fibras musculares e o GLUT4 é ali inserido, permitindo que realizem a captação da glicose. Nestes mesmas células, uma molécula conhecida como AMP (adenosina monofosfato) pode estimular a migração de GLUT4 das vesículas para a membrana plasmática. No entanto, esta situação ocorre quando as fibras estão executando trabalho de forma intensa (batimentos cardíacos mais rápidos, como na taquicardia, e/ou durante esforço muscular intenso e/ou duradouro). Este último caso é chamado de translocação de GLUT4 independente de insulina. Voltando à situação mais comum, quando insulina estimula a migração do GLUT4 para a membrana, surge uma dúvida: quando isto é relevante? O nível de insulina se eleva após a ingestão de dieta contendo carboidratos. Assim, este hormônio indica que a glicose está presente em concentração aumentada no sangue. Neste sentido, a insulina estimula o uso desta molécula, com consequente remoção da mesma da circulação (já que seu acúmulo duradouro naquele ambiente é prejudicial ao organismo). Além disso, também nas fibras musculares, a insulina estimula o uso da glicose tanto para fins energéticos como para fins de armazenamento na forma de glicogênio (polímero de glicose). O córtex renal, no estado alimentado, também consegue captar e usar glicose, mas não depende de insulina para a captação.

Em relação às fibras musculares esqueléticas e cardíacas, deve-se considerar sua função contrátil quando se detalha quais tipos de combustíveis podem utilizar. Durante uma contração mais vigorosa (que pode ser observada na realização de grande esforço e/ou durante provas de longa duração), a musculatura envolvida na execução dos movimentos contrai-se de tal forma que esmaga a si mesma e aos seus vasos sanguíneos. Esta constrição mecanicamente induzida diminui o fluxo sanguíneo local de forma momentânea (apenas enquanto a musculatura está em contração). Com a diminuição do fluxo sanguíneo, cai a oxigenação local e, portanto, a entrega de gás oxigênio para as mitocôndrias musculares. Estas não conseguem oxidar, neste momento, ácidos graxos, corpos cetônicos e/ou alfa-cetoácidos derivados de aminoácidos. Resta a glicose, portanto, como fonte de energia. É por isto, dentre outros detalhes, que não conseguimos realizar uma atividade anaeróbica (de baixa oxigenação muscular) pelo mesmo tempo que realizamos uma atividade aeróbica (de oxigenação plena/suficiente). Sendo mais claro: uma pessoa não consegue realizar contração de bíceps, por exemplo, durante levantamento de peso, de forma ininterrupta como uma outra que contrai musculatura inferior para correr em uma maratona. No metabolismo aeróbico, não apenas pode-se utilizar mais combustíveis simultaneamente, mas também mais ATP é gerado por molécula consumida. Assim, a oxidação de um combustível ou outro, nas fibras musculares esqueléticas e cardíacas, depende do trabalho que está sendo executado e, neste contexto, fala-se nos estados de repouso e de atividade física, sendo que esta última pode ser de mais de um tipo, como vimos.

No jejum, fígado, músculos em geral, coração e córtex renal usam ácidos graxos e alfa-cetoácidos derivados de aminoácidos como combustíveis. Com exceção do fígado, os outros órgãos citados também conseguem consumir corpos cetônicos. Quando não estamos alimentados, fala-se em estado pós-absortivo, ou seja, não há mais o que ser absorvido a partir do intestino. A glicemia apresenta-se em estado de normalidade: nem alta nem baixa, embora o segundo caso possa ocorrer em algumas pessoas com maior risco de desenvolver hipoglicemia. O nível de insulina é, portanto, baixo na circulação, já que não há estímulo para que seja secretada. O glucagon, hormônio secretado pelas células beta-pancreáticas, tem um aumento na sua concentração sanguínea e passa a estimular algumas vias metabólicas em detrimento de outras. Por exemplo, o consumo de glicose pelo fígado é bloqueado. Por outro lado, fibras musculares (tanto de músculos em geral quanto do coração) sequer captam glicose circulante durante o jejum em repouso (ou enquanto os batimentos cardíacos se mantiverem em estado basal), pois não há insulina para estimular a translocação de GLUT4 para a membrana plasmática daquelas células. O glucagon, fora atuar no controle do metabolismo de glicose, estimula a lipólise no tecido adiposo. Nesta via metabólica (que, embora breve, é complexa), triglicerídeos são quebrados por uma enzima chamada lipase hormônio-sensível, gerando ácidos graxos e glicerol. Os ácidos graxos são empacotados na albumina, uma proteína produzida pelo fígado, e passam a circular até que sejam captados pelas células dos órgãos citados. O glicerol, por outro lado, pode ser convertido em glicose, no fígado, durante o jejum (pela via chamada gliconeogênese), colaborando na manutenção da glicemia neste estado metabólico. Então, durante o jejum, combustíveis diversos são utilizados no lugar da glicose nestes órgãos, rendendo uma economia de glicose fundamental à manutenção de nossa saúde neste momento metabólico.

Neurônios são um caso à parte: devido à barreira hematoencefálica, estas células têm pouco acesso a ácidos graxos e a determinados aminoácidos circulantes. Utilizam, então, primariamente, glicose como fonte de ATP, embora o consumo de lactato tenha sido comprovado em algumas situações. Corpos cetônicos são combustíveis alternativos importantes para neurônios, mas a produção destes ocorre de forma significativa conforme o jejum progride. Em cerca de oito (8) horas de jejum, já se tem uma síntese relevante de corpos cetônicos, a qual se eleva, até atingir um limiar, durante o progresso do jejum. A limitação imposta pela barreira hematoencefálica sobre a captação de aminoácidos do sangue para os neurônios faz sentido porque alguns aminoácidos, como glicina, glutamato e aspartato, são também neurotransmissores. Então, por uma questão de segurança (ou seja, para evitar sinais indesejados), bloqueia-se a passagem destes aminoácidos, dentre outros, para os neurônios.

O intestino, bem como as células do sistema imune, por outro lado, são ávidos por aminoácidos, sendo o seu preferido a glutamina. Após ser captada, a glutamina é desaminada (ou seja, perde um de seus grupos químicos que contém nitrogênio), gerando glutamato (outro aminoácido). Este, por sua vez, perde mais um grupo nitrogenado e passa a se chamar alfa-cetoglutarato, que é um alfa-cetoácido e pode ser usado como combustível pelas células citadas. A glutamina não é um combustível apenas para os intestinos e para as células do sistema imune. Em cada momento que foi comentado acima que um dado órgão consome alfa-cetoácidos oriundos de aminoácidos, pode-se incluir a glutamina como fonte deste alfa-cetoácido, portanto. Neste sentido, é importante mencionar que, para músculos e neurônios, por exemplo, os aminoácidos de cadeia ramificada (chamados de *branched-chain amino acids*, BCAA – leucina, isoleucina e valina) são valiosos combustíveis (sendo consumidos com maior avidez quando comparados à glutamina). Nos intestinos, devido à atividade da digestão ser fonte de lesão ao epitélio, deve-se renovar este de forma mais breve. A divisão celular associada a este processo exige aumento na captação de aminoácidos diversos, que servem de fonte de átomos de carbono e de nitrogênio para diversos fins. Algo similar ocorre no sistema imune, embora aminoácidos sejam tanto substrato para a produção de anticorpos e citocinas quanto fonte de moléculas usadas na sinalização celular inerente ao trabalho do sistema imune.

Ossos, embora não apresentem a mesma dinâmica metabólica de células como hepatócitos, neurônios e fibras musculares, apresentam elevada demanda energética, que é suprida por ácidos graxos e alfa-cetoácidos derivados de aminoácidos. Como são estruturas bem vascularizadas e bem oxigenadas, conseguem consumi-los via oxidação mitocondrial, gerando ATP em altos níveis.

Neste capítulo, foram discutidos exemplos de combustíveis utilizados por diferentes tipos celulares. O corpo humano é composto por mais do que aqui exemplificado, mas o propósito é o de esclarecer os porquês de existirem diferenças quanto ao uso de um outro substrato energético e como isto impacta o organismo. Ainda, não há figuras nesta parte do livro porque preferi propor um desafio: monte seu diagrama, usando as informações contidas no texto acima, mostrando quais são os combustíveis utilizados pelas diferentes células do organismo, adicionando informações sobre o contexto metabólico (como é no jejum, como é no estado alimentado, dentre outros).

Referências

DEVLIN TM. *Manual de Bioquímica com Correlações Clínicas*. 7. ed. Blucher, 2011.

LIEBERMAN M, PEET A. *Marks' Basic Medical Biochemistry: A Clinical Approach*. 5. ed. LWW, 2017.

TYMOCZKO JL, BERG JM, STRYER L. *Bioquímica Fundamental*. 1. ed. Guanabara Koogan, 2011.

CAPÍTULO 9

QUAL A IMPORTÂNCIA EM EXISTIR UMA RESERVA DE GLICOSE EM ALGUNS ÓRGÃOS?

Neste ponto do livro, já é possível perceber que a glicose é o único substrato que pode render ATP em todos os tipos celulares, independentemente de estes possuírem ou não mitocôndrias e de estarem ou não bem oxigenados. Então, deve fazer sentido imaginar que uma reserva local de glicose, como é o glicogênio, seja importante para a manutenção da viabilidade celular. Glicogênio é armazenado no fígado, nos músculos, no coração e nos astrócitos (células acessórias dos neurônios), majoritariamente. E, conforme o esperado, há diferenças quanto ao uso deste glicogênio. A seguir, trataremos das particularidades associadas ao metabolismo de glicogênio nos tipos celulares citados.

O glicogênio é sintetizado durante o estado alimentado, desde que a refeição ingerida seja capaz de induzir hiperglicemia e hiperinsulinemia. Isto porque a glicose é a matéria-prima para a síntese de glicogênio, a qual é estimulada por insulina. No fígado, a glicose circulante é captada, no estado alimentado, e recebe um grupo fosfato ($-PO_4^-$) do ATP em reação mediada por uma enzima chamada glicocinase, que é estimulada por insulina. A glicose fosforilada (chamada de glicose-6-fosfato) pode seguir diferentes destinos, sendo um deles a produção de glicogênio (chamada de glicogênese). A presença de glicose fosforilada e o sinal de insulina estimulam os hepatócitos a produzirem glicogênio durante o estado alimentado para, no jejum, a quebra de glicogênio (chamada de glicogenólise) gerar glicose livre que é exportada para a circulação. De lá, pode ser captada pelas células dependentes de glicose mencionadas no capítulo anterior: hemácias e células da medula renal, das cartilagens, da epiderme e do cristalino, principalmente. O glicogênio hepático gera glicose que é usada, exclusivamente, para manter a glicemia (ou seja, os níveis de glicose circulante). É a primeira medida tomada pelo fígado logo no início do jejum com o propósito de prover glicose para as outras células. A quebra de glicogênio hepático é estimulada pelo hormônio mestre do jejum, o glucagon. Este mesmo hormônio induz sinais que bloqueiam a utilização de glicose pelo fígado. A glicose é rapidamente gerada e liberada, e uma nova via é estimulada para que passe a produzir glicose, também no fígado, antes que o glicogênio deste órgão termine: a gliconeogênese.

Nos músculos e no coração, a síntese de glicogênio também ocorre no estado alimentado na presença de hiperglicemia e de hiperinsulinemia. No entanto, o glicogênio armazenado nestes órgãos atende apenas a sua própria demanda. Além disso, o hormônio glucagon não age nem nos músculos nem no coração. Então, o estado de jejum, por si só, não induz quebra de glicogênio naqueles órgãos. Sinais locais, bem como estímulos nervosos, são os principais indutores da quebra de glicogênio, que gera uma molécula de glicose fosforilada, e não livre como aquela gerada no fígado. Assim, esta molécula, por apresentar uma carga elétrica líquida oriunda do grupo fosfato presente em sua estrutura, não cruza a membrana das fibras musculares esqueléticas e cardíacas, permanecendo no citoplasma das mesmas e seguindo a oxidação na glicólise. Por esta via, gera-se ATP e outras moléculas de interesse energético àquelas células, como NADH e ácido pirúvico, que dissocia quase que imediatamente (ou seja, que doa seu próton para o meio, como é típico de ácidos), gerando piruvato. A molécula conhecida como AMP (adenosina monofosfato) é gerada sempre que qualquer tipo celular consome altas concentrações de ATP durante a execução de trabalho. Ao se acumular, estimula a quebra de glicogênio, nas fibras musculares, via estimulação da enzima glicogênio fosforilase. Tal mecanismo de ação não é observado nos hepatócitos, que respondem, conforme mencionado, ao glucagon (dentre outros hormônios). O que significa dizer que um sinal local estimula a quebra de glicogênio, então? Isto nos mostra que um sinal produzido dentro da célula que está executando trabalho agirá mais rapidamente que um sinal derivado de hormônio (que depende de sua liberação a partir de uma glândula e da circulação para alcançar a célula-alvo) quanto ao estímulo sobre a glicogenólise. Além disso, o próprio cálcio (Ca^{2+}), que tem sua liberação estimulada, a partir do retículo sarcoplasmático, por sinais neurais (ou seja, pelo neurotransmissor acetilcolina, principalmente), atua como indutor da quebra de glicogênio em fibras musculares. Inclusive, este é um excelente exemplo de integração metabólica: o cálcio permite que proteínas envolvidas na contração reajam da forma adequada ao mesmo tempo que estimula a formação de combustível a partir de uma reserva. Além disso, este íon também promove aumento na atividade de enzimas mitocondriais responsáveis pelo metabolismo aeróbico, como a isocitrato desidrogenase e a alfa-cetoglutarato desidrogenase. De forma orquestrada e integrada, o íon cálcio permite que tudo ocorra da forma que melhor for possível aos músculos: se houver oxigênio em níveis adequados, o metabolismo aeróbico também poderá participar da manutenção do estado energético celular naquela ocasião. De fato, nenhuma contração muscular é apenas anaeróbica, pois o fenômeno de isquemia e reperfusão é observado em todos os tipos de exercícios. O que ocorre, na verdade, é que, no exercício aeróbico, a duração da anaerobiose é menor (e ocorre de forma menos intensa) que aquela observada no exercício anaeróbico. Em ambos os tipos de exercícios, glicogênio é quebrado (ou mobilizado) por um motivo ou outro, gerando glicose fosforilada para o próprio músculo consumir. No coração, o sinal dependente de íons cálcio é importante em momentos de taquicardia, quando a oxigenação muscular pode diminuir devido à alta taxa de contração daquele órgão. Neste contexto, observa-se aumento na frequência de momentos de anaerobiose cardíaca, sendo a glicose fosforilada oriunda do glicogênio a principal (ou única) fonte de energia para tal contração continuar.

Nos astrócitos, há bem menos glicogênio armazenado que aquele encontrado em hepatócitos e em fibras musculares. Entretanto, conforme a atividade neuronal se intensifica, os astrócitos recebem sinais e quebram o glicogênio, originando também uma glicose fosforilada que consomem na via glicolítica e gerando lactato. O lactato é exportado e os neurônios o convertem em piruvato, o qual é captado pelas mitocôndrias e usado na produção de ATP nestas organelas. Embora pareça um processo lento, é bem rápido e não impede a utilização de outros combustíveis pelos neurônios, como corpos cetônicos e determinados aminoácidos (como os BCAA mencionados em capítulo anterior).

Glicogênio, então, é uma reserva estratégica de glicose que atende a diferentes demandas de acordo com o tipo celular analisado. Estratégias variadas são utilizadas para que o conteúdo de glicogênio seja aumentado em atletas, já que este é um combustível importante para movimentos de explosão (o que inclui as contrações iniciais mesmo de exercício aeróbico – já que a vasodilatação e a oxigenação musculares ainda não atingiram níveis ótimos para permitir o metabolismo aeróbico – e o exercício anaeróbico como um todo). Além da glicose oriunda do glicogênio, a creatina fosfato e outros combustíveis poderão ser utilizados pelos músculos desde que determinadas condições sejam atendidas, conforme veremos em capítulo específico.

Referências

DEVLIN TM. *Manual de Bioquímica com Correlações Clínicas*. 7. ed. Blucher, 2011.

LIEBERMAN M, PEET A. *Marks' Basic Medical Biochemistry: A Clinical Approach*. 5. ed. LWW, 2017.

TYMOCZKO JL, BERG JM, STRYER L. *Bioquímica Fundamental*. 1. ed. Guanabara Koogan, 2011.

CAPÍTULO 10

COMO O ORGANISMO RESPONDE À HIPOGLICEMIA?

Queda na glicemia, ou seja, na concentração de glicose sanguínea é sempre algo arriscado ao organismo, já que células como hemácias e tecidos como a epiderme, cartilagens e cristalino utilizam quase que apenas glicose como substrato energético durante qualquer que seja o estado metabólico. Além disso, se a queda na glicemia for brusca, haverá consequências energéticas a neurônios também, que consome glicose como principal combustível durante boa parte do dia. Mesmo se corpos cetônicos já estiverem sendo produzidos pelo fígado (coisa que ocorre, de forma significativa, cerca de seis horas após o início do jejum), glicose é parte importante da nutrição neuronal.

A hipoglicemia é percebida pelo hipotálamo, região do encéfalo que responde também a outros estímulos, como desidratação. A queda na glicemia ativa células localizadas no centro regulador do hipotálamo, que estimula a hipófise a liberar o hormônio adrenocorticotrópico (ACTH) que, por sua vez, promove a liberação de cortisol e de adrenalina pelas glândulas adrenais. O hipotálamo ainda pode atuar, via sistema nervoso autônomo, diretamente na liberação de noradrenalina. Ainda, esta região encefálica pode estimular o pâncreas a secretar mais glucagon. Assim, os níveis de cortisol, adrenalina, noradrenalina e glucagon elevam-se na circulação. Como são hormônios contrarregulatórios da insulina, bloqueiam qualquer ação deste hormônio e facilitam a mobilização de reservas, o que facilitará a síntese de glicose a fim de frear a hipoglicemia. A adrenalina age estimulando a quebra de glicogênio no fígado. No entanto, se a hipoglicemia ocorreu em algum momento no qual o conteúdo de glicogênio hepático é baixo, como períodos prolongados de jejum (acima de seis horas), esta ação da adrenalina resultará em pouca ou nenhuma glicose desta fonte. Por outro lado, a adrenalina, em conjunto com o glucagon e a com noradrenalina, estimula a lipólise no tecido adiposo. Por esta via, eleva-se a produção de ácidos graxos e de glicerol a partir de triglicerídeos armazenados naquele órgão. Os ácidos graxos, dentre outros destinos, servirão como combustível ao fígado, que necessitará de fonte adicional de ATP para sintetizar mais glicose nesta ocasião por meio da via chamada gliconeogênese. O glicerol adipocítico é um dos precursores gliconeogênicos utilizados pelo fígado na síntese de glicose, ou seja, glicerol é transformado em glicose. Neste sentido, o cortisol estimulará a proteólise muscular, levando à formação de aminoácidos livres que, em parte, também serão liberados para a circulação e servirão tanto como combustível ao fígado como matéria-prima na síntese de glicose pela gliconeogênese. O córtex renal poderá contribuir com o reestabelecimento da glicemia neste momento, já que apresenta enzimas da gliconeogênese. Assim, percebe-se que os três hormônios citados se associam na mobilização de moléculas diversas que serão convertidas em glicose, aumentando a chance de a glicemia ser reestabelecida.

Em pessoas saudáveis, observa-se normalização da glicemia após todos estes feitos. Isto, claro, dependerá da saúde hepática. Doenças hepáticas de qualquer natureza afetam a eficiência deste processo.

Referências

DEVLIN TM. *Manual de Bioquímica com Correlações Clínicas*. 7. ed. Blucher, 2011.

LIEBERMAN M, PEET A. *Marks' Basic Medical Biochemistry: A Clinical Approach*. 5. ed. LWW, 2017.

TYMOCZKO JL, BERG JM, STRYER L. *Bioquímica Fundamental*. 1. ed. Guanabara Koogan, 2011.

CAPÍTULO 11

CÁLCIO: MUITO MAIS QUE COMPOSIÇÃO DOS OSSOS

É comum associar o cálcio à formação dos ossos, ou seja, como sendo parte fundamental da estrutura destes. No entanto, poucos sabem que o cálcio, mais precisamente sua forma iônica (Ca^{2+}), apresenta funções no controle do metabolismo energético humano, assim como é um agente de sinalização celular, como veremos neste capítulo e conforme resumido na Fig. 11.1.

No sistema nervoso, um neurotransmissor chamado glutamato reage com seu receptor de membrana e induz a entrada de íons cálcio em neurônios, promovendo um processo conhecido como despolarização neuronal que leva à ação destas células na rede neural da qual fazem parte. A despolarização de uma célula nada mais é do que a alteração, momentânea, de sua carga elétrica interna. Como os íons cálcio apresentam carga elétrica positiva, seu ingresso nos neurônios faz com que a carga elétrica destas células também seja positiva. Não apenas o cálcio, mas íons sódio (Na^{+}) entram nos neurônios nesse processo de despolarização induzido pelo glutamato. Ambos sinalização que uma determinada ação é necessária pelo neurônio.

Neste contexto, a acetilcolina, outro neurotransmissor, é liberado por neurônios motores que inervam fibras musculares. Ao reagir com seu receptor de membrana, induz a entrada de íons sódio na fibra muscular. Da mesma forma que mencionado acima, há uma mudança na carga elétrica da fibra muscular, o que promove a liberação de íons cálcio a partir do retículo sarcoplasmático (nome dado ao retículo

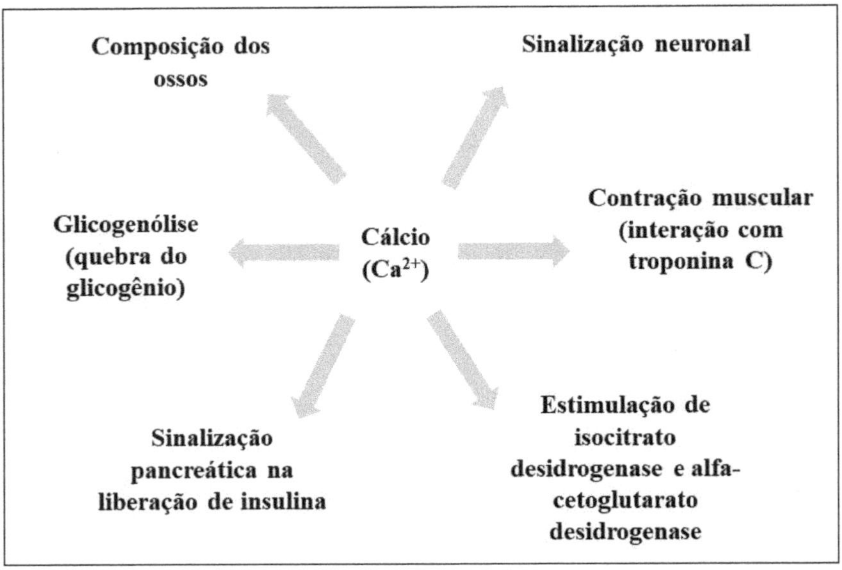

Figura 11.1. *Um resumo das funções desempenhadas pelos íons cálcio em diferentes células humanas. Adaptado de "O Incrível Universo do Metabolismo Humano", deste autor.*

endoplasmático liso). Esta organela desempenha diferentes funções em células humanas, sendo uma delas a de depósito de cálcio. Livres no citoplasma, os íons cálcio atuam em uma proteína chamada troponina C, que é parte do sistema responsável pela contração muscular. O cálcio, então, induz uma mudança de conformação nesta proteína, que agora permite que actina e miosina, outras duas proteínas, interajam na execução da contração muscular. Este processo é dependente de ATP e, como veremos, será facilitado pelo cálcio também neste sentido.

Ainda no citoplasma da fibra muscular, o cálcio reage com outra proteína, a qual é chamada calmodulina, que desempenha papel específico de reconhecer e se ligar ao cálcio. Ao fazer isto, muda de conformação e passa a interagir com outras proteínas, sendo uma delas chamada cinase da fosforilase. Esta cinase adiciona grupos fosfato ($-PO_4^-$) na enzima que degrada glicogênio, a glicogênio fosforilase, ativando-a e permitindo a formação de glicose fosforilada a partir daquele polímero. Esta forma química de glicose é imediatamente utilizada na glicólise muscular, uma das fontes de ATP para a contração. O complexo cálcio-calmodulina também estimula a proteína cinase dependente de calmodulina, que modula enzimas como a glicogênio sintase, inibindo esta enzima, a qual mediaria a produção de glicogênio no músculo. Isto é necessário para evitar um ciclo fútil que envolveria a degradação de glicogênio e sua imediata síntese usando glicose fosforilada. Como o momento é de contração muscular, ou seja, de execução de trabalho, é necessária a mobilização de reservas, e não sua produção. A cinase dependente de calmodulina, então, facilita o trabalho da glicogênio fosforilase. Então, o cálcio promoveu a quebra de glicogênio, ou seja, a mobilização da reserva local de glicose, facilitando o acesso a ATP no momento de elevada demanda energética, como é a contração.

Após atingir determinada concentração citoplasmática, os íons cálcio são captados pelas mitocôndrias e passam a interagir como proteínas nesta organela. O complexo da piruvato desidrogenase e as enzimas isocitrato desidrogenase e alfa-cetoglutarato desidrogenase são estimulados, de maneiras diversas, por íons cálcio, aumentando sua afinidade pelo substrato e a velocidade com a qual geram produtos. Isto acelera a via metabólica conhecida como ciclo de Krebs (também chamada de ciclo dos ácidos tricarboxílicos ou de ciclo do ácido cítrico), necessária ao metabolismo aeróbico muscular, pois é parte do mecanismo de oxidação de moléculas como o piruvato (oriundo da glicólise – via de oxidação da glicose mencionada acima), ácidos graxos, corpos cetônicos e alfa-cetoácidos derivados de aminoácidos. E, conforme mencionado anteriormente, não importa qual é o tipo de atividade física que esteja sendo executado, sempre haverá um momento, durante a prática ou após, de oxigenação plena dos músculos. Isto indica que a oxidação de diferentes combustíveis é facilitada pelo cálcio tanto durante a contração como após a mesma. Lembre-se da isquemia e da reperfusão induzidas pela contração muscular naqueles órgãos: a isquemia é provocada pela contração do músculo devido ao esmagamento de seus próprios vasos sanguíneos, e a reperfusão é o retorno da passagem de sangue pelos músculos quando este relaxa. A reperfusão traz gás oxigênio e combustíveis necessários à manutenção do estado energético muscular após a elevada taxa de consumo de ATP observada na contração. Durante a isquemia, os músculos produzem ATP também a partir da quebra de glicogênio, conforme mencionado acima, e de forma dependente de cálcio. Percebe-se, assim, que este íon prepara a fibra muscular para usar qualquer que seja o combustível tanto na presença quanto na ausência de gás oxigênio. Ainda, é importante lembrar que o cálcio é derivado de uma organela interna à fibra muscular, ou seja, é um sinalizador local, não dependente de hormônios, cujo processo seria mais lento, já que dependem da circulação para atingir seus alvos nas fibras musculares. Além do íon cálcio, a molécula conhecida como AMP (adenosina monofosfato) também é um sinalizador local que indica ao músculo que a demanda energética é elevada, dentre outros sinais. Cálcio e AMP são, então, sinalizadores dinâmicos na mobilização de reserva muscular.

No fígado, íons cálcio também apresentam papel central na mobilização de glicogênio. No entanto, o estímulo para sua liberação a partir do retículo endoplasmático (que, neste caso, não é mais chamado de sarcoplasmático, como nas fibras musculares) é dependente de adrenalina, e não de um estímulo neural. Nos hepatócitos, o cálcio também estimulará a degradação de glicogênio pelo mesmo mecanismo mencionado acima para os músculos: reação com calmodulina, a qual ativa a proteína cinase dependente de calmoculina e a cinase da fosforilase, levando à quebra de glicogênio com formação, neste caso, de glicose livre (ou seja, não fosforilada), que será exportada para o sangue, colaborando na manutenção da glicemia. Como este sinal envolve a adrenalina, pode ser observado em situações de euforia, de medo ou de atividade física, dentre outros.

Nas células beta-pancreáticas, o cálcio é importante como mediador da liberação de insulina após aumento na glicemia devido à ingestão de dieta contendo carboidratos. A glicose é captada, por meio do transportador GLUT2 por estas células e, após seu processamento em vias metabólicas que incluem a glicólise e o ciclo de Krebs, gera ATP, que estimula a saída de íons potássio (K^+) das células beta-pancreáticas, o que causa a despolarização da célula (ou seja, a carga elétrica líquida intracelular fica ainda mais negativa). Isto promove uma alteração na conformação de uma proteína canal específica para íons cálcio, permitindo a entrada deste nas células. Este íon, por sua vez, induz a exocitose (ou seja, a exportação) de vesículas contendo insulina, elevando a concentração deste hormônio no sangue. Assim, cálcio é um agente de sinalização celular também no pâncreas.

Neste breve capítulo pode-se perceber que o cálcio é mais do que necessário no controle do metabolismo energético, servindo de sinalizador e permitindo que não falte combustível para a execução de trabalho em diferentes tipos celulares. O nível de cálcio deve ser mantido dentro de valores seguros para as células, já que a permanência deste íon no citoplasma por mais tempo que aquele tido como fisiológico pode levar à morte celular por mecanismos diversos. O papel das mitocôndrias, então, é o de um tampão de cálcio, ou seja, um local para mantê-lo longe do citoplasma, até que a célula retome vias de sinalização próprias para cada fim, incluindo o cuidado com o cálcio. Para mais informações sobre este íon (pois o que foi mencionado aqui serve como um guia inicial em seu estudo), por favor, consulte a bibliografia recomendada.

Referências

DEVLIN TM. *Manual de Bioquímica com Correlações Clínicas*. 7. ed. Blucher, 2011.

LIEBERMAN M, PEET A. *Marks' Basic Medical Biochemistry: A Clinical Approach*. 5. ed. LWW, 2017.

TYMOCZKO JL, BERG JM, STRYER L. *Bioquímica Fundamental*. 1. ed. Guanabara Koogan, 2011.

CAPÍTULO 12

POR QUE A MESMA DIETA PODE TER EFEITOS DIFERENTES NAS PESSOAS?

Pelo simples fato que a resposta dada, pelo organismo, aos combustíveis obtidos da refeição varia entre uma pessoa e outra. A ingestão da mesma quantidade de carboidratos, por exemplo, pode demorar tempo variável para induzir a secreção de insulina, a qual será liberada na circulação em quantidades diversas e lá permanecerá por períodos diferentes entre uma pessoa e outra. Isto significa que, em algumas pessoas, pode haver um tempo maior entre o aumento na glicemia (resultante da ingestão e da digestão dos carboidratos mencionados) e a liberação de insulina promovida por estas moléculas. Este aparente "atraso" que ocorre quanto à liberação de insulina é normal daquele organismo, e não pode ser considerado um erro, portanto. Será algo relacionado à doença se for comprovado que esteja relacionado a uma disfunção qualquer, como hiperglicemia duradoura, por exemplo. Além disso, seguindo no mesmo exemplo, pessoas diferentes não apresentam o mesmo número de receptores de insulina nos seus órgãos. Assim, não apenas a resposta à hiperglicemia pode variar quanto à secreção de insulina, mas também a facilidade com que este hormônio irá interagir com seu receptor. Resumidamente, o tempo de resposta à ingestão de carboidratos, a quantidade de insulina liberada, o tempo para ocorrer sua liberação máxima e o tempo de permanência na circulação são variáveis neste exemplo. Ainda, a resposta de cada tipo celular à insulina pode variar, pois depende de tempo, também, para atingir um nível máximo. Desta forma, uma pessoa pode armazenar glicogênio nos músculos de forma mais eficiente que outra, gerando melhor resposta quando sua mobilização é necessária durante a prática de exercícios físicos. Esta seria outra pergunta: por que as pessoas podem ter diferentes desempenhos mesmo quando praticam as mesmas atividades em períodos idênticos ou muito similares?

O mesmo ocorre em pessoas que visam emagrecer por meio de uma dieta mais restritiva, como aquelas pobres em carboidratos. Alguns organismos lidam muito bem com o estado de normoglicemia (causado por este tipo de dieta), enquanto outros entram em hipoglicemia mais rapidamente, dificultando a execução de determinadas atividades. Então, cautela é necessária quando se inicia uma dieta pobre em carboidratos, pois nem sempre o organismo conseguirá manter a glicemia em níveis seguros pelo tempo que esta prática exige. E isto será necessário por dois motivos: a) menos carboidratos estão sendo ingeridos, sendo necessário que o organismo produza glicose para manter a glicemia; b) a manutenção da glicemia é fundamental para células como hemácias e neurônios, por exemplo, dentre outras já citadas anteriormente. Outra questão que surge é a habilidade que o organismo de algumas pessoas demonstra em fazer reservas. Mesmo quando a ingestão de carboidratos cai, observa-se, por algum tempo, pelo menos, o tecido adiposo armazenando lipídios sintetizados pelo fígado. Isto talvez se deva ao fato de que, antes da implementação da dieta pobre em carboidratos, algumas pessoas possam ter uma maior quantidade de enzimas e proteínas diversas relacionadas à produção de lipídios no fígado e no tecido adiposo. Esta maior quantidade pode ser fruto da "educação metabólica" que, talvez por anos, tenha sido aplicada ao organismo por meio de uma oferta elevada de carboidratos, que são estímulo para a secreção de insulina e, esta, por sua vez, um dos mais potentes sinais na síntese de lipídios via estímulo da expressão (ver abaixo) de enzimas relacionadas ao metabolismo destas moléculas. Então, até que o nível destas enzimas caia, ainda poderá ser observado algum armazenamento nos adipócitos mesmo com ingestão de dieta com menor conteúdo de carboidratos. Além disso, não se deve esquecer de um fato importante: triglicerídeos são reservas vitais quanto à manutenção do estado energético de qualquer momento que envolva catabolismo, como no jejum, durante e após a prática de exercícios físicos e em situações de estresse, por exemplo. Em outros termos, é evolutivamente conservada a habilidade de o organismo sintetizar esta importante reserva, sendo bastante complexo (e, portanto, requerendo maior esforço pessoal) diminuir sua quantidade e a capacidade em produzi-la.

Sempre que se fala em peptídeos e proteínas, como hormônios (incluindo a insulina), receptores de membrana, enzimas, dentre outros, deve-se lembrar que estes são produtos da informação contida no DNA. A expressão de um gene nada mais é que a produção de uma molécula conhecida como RNA mensageiro. Sua síntese ocorre no núcleo da célula (e, dependendo da proteína, também nas mitocôndrias, que apresentam DNA próprio) usando informação do DNA. A informação específica para um peptídeo ou proteína chama-se gene, de forma sucinta. E a expressão de um mesmo gene é variável entre pessoas diferentes. Então, a produção de um receptor de membrana para insulina, seguindo o exemplo de antes, pode ser bastante diferente entre pessoas distintas. E isto, naturalmente, afetará a resposta àquele hormônio. Daí em diante, todo o metabolismo de carboidratos pode ser modificado em uma célula, quando pessoas diferentes são comparadas, devido ao número variável de receptores de membrana nas suas células. E isto não pode, pelo menos, por enquanto, ser quantificado por meio de um exame. Medidas indiretas da ação de insulina existem, mas nada detalhado a este ponto. Então, pessoas diferentes que ingerem a mesma dieta, muito dificilmente exibirão os mesmos resultados. Mesmo que executem atividades físicas idênticas ou muito similares em seu cotidiano.

De forma similar, podemos raciocinar como exercícios físicos idênticos geram efeitos diversos entre as pessoas. A prática de atividades físicas demanda energia que, por sua vez, depende da habilidade de o organismo se adaptar a este novo cenário metabólico. Algumas pessoas, por exemplo, respondem com maior frequência de inflamação ao treino. Outras demoram muito mais tempo para ganhar massa muscular que outras, mesmo quando bem alimentadas. Mais uma vez, as diferentes respostas ao treinamento podem ser explicadas em nível de expressão gênica: a quantidade de cada enzima de vias metabólicas necessárias à manutenção daquele tipo de treino varia entre as pessoas, pois a resposta a hormônios que modulam a expressão destas enzimas é diferente.

De forma intuitiva, sabemos disso. No entanto, o imediatismo pode afetar a saúde de quem almeja ter um determinado tipo de corpo por meio de alterações na dieta e/ou da prática de exercícios físicos. Cada organismo tem seu tempo e paciência será uma aliada nesta jornada.

Referências

DEVLIN TM. *Manual de Bioquímica com Correlações Clínicas*. 7. ed. Blucher, 2011.

LIEBERMAN M, PEET A. *Marks' Basic Medical Biochemistry: A Clinical Approach*. 5. ed. LWW, 2017.

TYMOCZKO JL, BERG JM, STRYER L. *Bioquímica Fundamental*. 1. ed. Guanabara Koogan, 2011.

CAPÍTULO 13

O TECIDO ADIPOSO NÃO É APENAS UM DEPÓSITO DE LIPÍDIOS

Vimos, em diferentes capítulos até este momento, que o tecido adiposo é importante no armazenamento de triglicerídeos, os quais são mobilizados, perante estímulos apropriados, em momentos de catabolismo. No entanto, o tecido adiposo é capaz também de secretar moléculas sinalizadoras que agem tanto modulando o sistema imune quanto alterando o comportamento humano relacionado à busca por alimento (em outras palavras, a saciedade pode ser controlada pelo tecido adiposo). Distúrbios alimentares graves podem ser resultado de disfunções que afetam este tecido, cuja complexidade é similar à de um órgão, na verdade (Fig. 13.1).

Dentre as moléculas produzidas e secretadas pelo tecido adiposo, destacam-se, em termos de participação no controle do metabolismo energético, os hormônios leptina e adiponectina. Além destes, são liberados na circulação citocinas (moléculas que controlam o sistema imune, dentre outros efeitos gerais), quimiocinas e fatores hemostáticos e hemodinâmicos e proteínas de fase aguda. Neste capítulo, analisaremos o papel da leptina e da adiponectina no organismo humano.

O aumento no conteúdo de triglicerídeos, no tecido adiposo, é um dos estímulos para que a leptina seja secretada na circulação (Fig. 13.2). Este hormônio, ao atingir a área encefálica conhecida como hipotálamo, induz inibição da secreção de neuropeptídeos orexígenos (como neuropeptídeo Y e proteína relacionada ao agouti ou peptídeo agouti). Estas moléculas são conhecidas por promover a

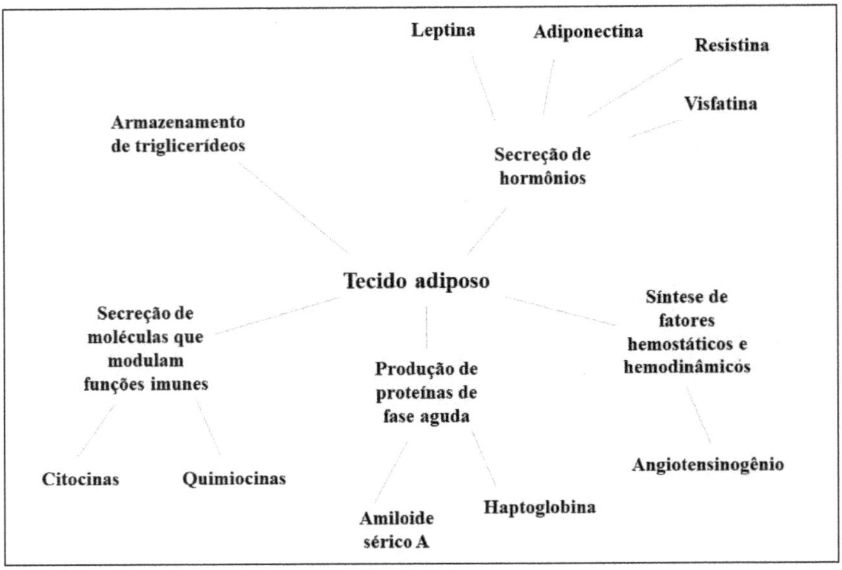

Figura 13.1. *Um resumo das funções exercidas pelo tecido adiposo no organismo humano. Adaptado de "O Incrível Universo do Metabolismo Humano", deste autor.*

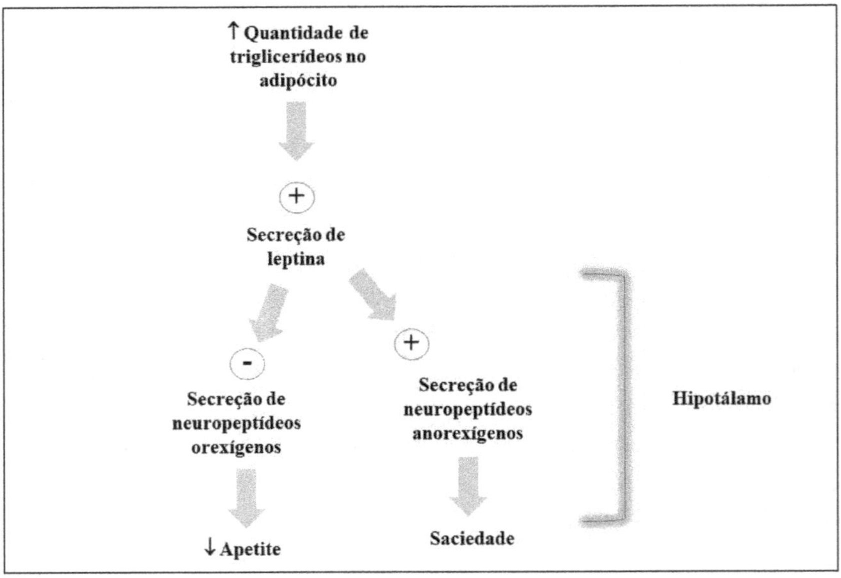

Figura 13.2. *A ação da leptina no hipotálamo. Adaptado de "O Incrível Universo do Metabolismo Humano", deste autor.*

vontade de se alimentar e, portanto, controlam o comportamento de busca por alimento. Por outro lado, a leptina estimula a liberação de neuropeptídeos anorexígenos, ou seja, que induzem saciedade, como pró-opiomelanocortina e transcrito regulado por cocaína e anfetamina. No hipotálamo, então, a leptina modula algo relacionado ao comportamento alimentar. No entanto, este hormônio não age apenas aqui.

Nos músculos, a leptina aumenta a sensibilidade à insulina, promovendo a captação de glicose e a oxidação de ácidos graxos pelas fibras musculares (Fig. 13.3). Isto ajuda, de certa forma, a manter glicose e lipídios em níveis normais na circulação, evitando hiperglicemia e dislipidemia, respectivamente. A glicose, quando captada pelos músculos durante o estado alimentado, pode tanto ser oxidada, gerando ATP, como também pode ser utilizada na síntese de glicogênio, uma reserva de glicose bastante útil às fibras musculares durante a prática de atividade física (majoritariamente, exercício anaeróbico). Ácidos graxos são importantes combustíveis para as fibras musculares em situações como repouso e exercício aeróbico, por outro lado.

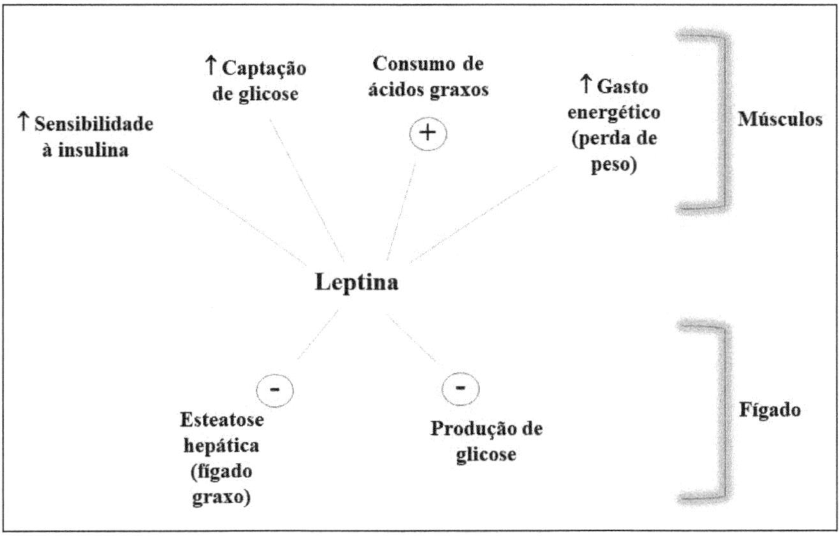

Figura 13.3. *Um resumo das ações da leptina nos músculos e no fígado. Adaptado de "O Incrível Universo do Metabolismo Humano", deste autor.*

A leptina age também no fígado, onde reduz a chance de ocorrer esteatose hepática (fígado graxo) e suprime a síntese de glicose quando a glicemia já está elevada (ou seja, durante o estado alimentado). Estes efeitos são importantes em situações de risco de hiperglicemia, inclusive, como na resistência à insulina e no próprio diabetes *mellitus*.

Nos ossos, a leptina parece ser importante na sua formação, já que diminuição nos níveis deste hormônio causam uma redução na densidade óssea e nos níveis de marcadores da construção destes tecidos. Além disso, observa-se aumento na atividade antiosteogênica, levando à fragilidade dos ossos. Junto do que vimos acima em relação aos músculos, talvez isto possa ser parte da explicação do porquê determinadas pessoas não obtêm o ganho muscular desejado mesmo quando mantêm a prática disciplinada de exercícios: com menores níveis de leptina (ou resistência a este hormônio, tal qual se observa na resistência à insulina), há menor eficiência no consumo de combustíveis pelos músculos e menor densidade óssea, facilitando lesões (em ossos, cartilagens e músculos) e diminuindo a habilidade anabólica muscular. É importante notar que diminuição no rendimento do catabolismo (ou seja, na oxidação de combustíveis, consequentemente afetando a produção de ATP e de GTP) pode reduzir também a eficiência do anabolismo, pois menos energia está disponível para a síntese de novas moléculas (como proteínas, tão importantes para a manutenção da estrutura e da função das fibras musculares). Pode-se especular, por exemplo, que distúrbios que afetem leptina causam fragilização de músculos e de ossos em graus variados. Neste sentido, recomenda-se orientação médica para investigar se este tipo de disfunção hormonal pode ter relação com as lesões observadas. Além disso, situações repetidas de estresse podem ter efeito negativo sobre a leptina, já que catecolaminas, como a adrenalina e a noradrenalina, inibem a produção e a secreção deste peptídeo pelos adipócitos.

Outro hormônio adipocítico relacionado à homeostase energética é a adiponectina (Fig. 13.4). Na verdade, é o hormônio que o tecido adiposo secreta em maior abundância. Diferentemente da leptina, o aumento no conteúdo de triglicerídeos diminui a secreção de adiponectina pelos adipócitos. A adiponectina age no fígado e nos músculos estimulando a captação de glicose e a oxidação de ácidos graxos. Assim, exerce papel bastante similar àquele desempenhado pela leptina em reduzir os níveis de glicose e de lipídios circulantes. Neste contexto, também é sugerido que disfunções na produção e/ou na secreção de adiponectina podem estar relacionadas à obesidade e à resistência à insulina. Aumento no conteúdo de triglicerídeos, principalmente, de gordura visceral, promove diminuição na secreção de adiponectina, o que facilita o desenvolvimento de diabetes *mellitus* tipo II, hipertensão e lesões cardiovasculares (envolvendo coração e vasos sanguíneos, portanto). Os mecanismos envolvidos nestas alterações não são completamente conhecidos, mas tratamentos com pioglitazona, fármaco utilizado no tratamento de diabetes *mellitus* tipo II, por exemplo, tem auxiliado na síntese e na liberação de adiponectina, aliviando algumas das alterações observadas naquela doença. Também auxiliam na secreção de adiponectina a prática de exercícios físicos e o consumo moderado de etanol. Por outro lado, estresse, glicocorticoides, inflamação e hormônio do crescimento suprimem a produção e a liberação de adiponectina pelos adipócitos.

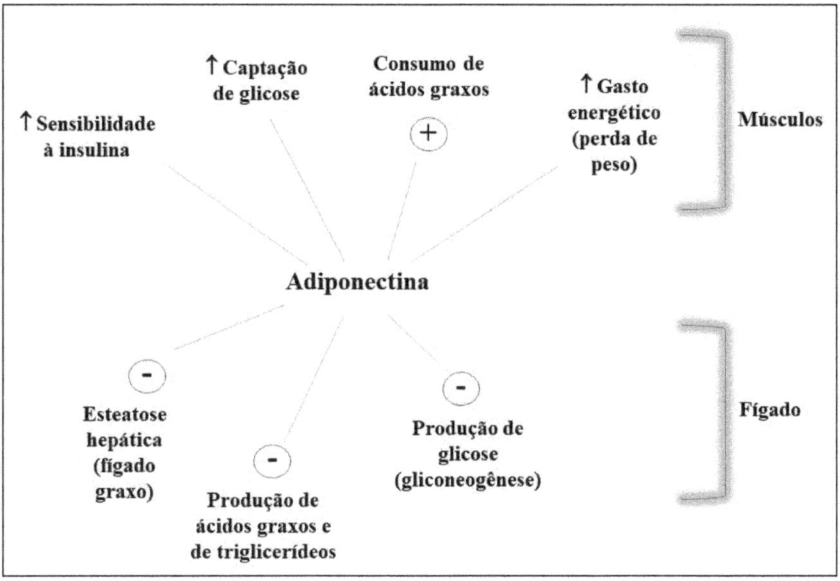

Figura 13.4. *Um resumo das ações da adiponectina nos músculos e no fígado. Adaptado de "O Incrível Universo do Metabolismo Humano", deste autor.*

Desta forma, percebe-se que o tecido adiposo é parte importante do controle do metabolismo energético em humanos não apenas por servir como uma reserva de lipídios e uma fonte de ácidos graxos e de glicerol para diversos fins nos variados momentos metabólicos aos quais estamos sujeitos no cotidiano. Distúrbios adipocíticos são facilitadores de doenças hormonais (como diabetes *mellitus*) e cardiovasculares, dentre outros. Desta forma, sugere-se que, via orientação médica, sejam realizados exames de averiguação da saúde do tecido adiposo por meio da quantificação também destes hormônios, bem como de outros que possam ser recomendados de acordo com cada situação.

Referências

DEVLIN TM. *Manual de Bioquímica com Correlações Clínicas*. 7. ed. Blucher, 2011.

LIEBERMAN M, PEET A. *Marks' Basic Medical Biochemistry: A Clinical Approach*. 5. ed. LWW, 2017.

PICÓ C, PALOU M, POMAR CA, RODRÍGUEZ AM, PALOU A. *Leptin as a key regulator of the adipose organ. Reviews in Endocrine & Metabolic Disorders*, 23:13 – 30, 2022.

TYMOCZKO JL, BERG JM, STRYER L. *Bioquímica Fundamental*. 1. ed. Guanabara Koogan, 2011.

CAPÍTULO 14

GLICOSE: O COMBUSTÍVEL UNIVERSAL

A necessidade em manter a glicemia, independentemente do estado metabólico do organismo, foi citada em diversos pontos deste livro até este momento. Essa emergência toda em manter um nível seguro de glicose na circulação, naturalmente, apresenta motivos. Primeiramente, a glicose é o único combustível (ou substrato energético, se preferir) que pode render ATP mesmo na ausência completa de gás oxigênio e de mitocôndrias. Assim, células que estejam localizadas em ambientes de baixa concentração de oxigênio, como aquelas na epiderme (na pele) e nas cartilagens, dentre outras, utilizarão quase que exclusivamente glicose como fonte de energia durante qualquer que seja o estado metabólico do organismo (jejum, estado alimentado, outros). É da natureza daquelas células depender de glicose como fonte de ATP porque os tecidos dos quais fazem parte são avasculares, ou seja, não apresentam vasos sanguíneos. Consequentemente, recebem menos oxigênio que tecidos bem vascularizados. Os músculos estriados esqueléticos, formadores da musculatura somática (que dá forma ao corpo), também podem passar por períodos de alta dependência por glicose, como quando executam contrações vigorosas anaeróbicas, ou seja, que geram esmagamento de vasos sanguíneos próprios dos músculos. Isto leva a uma menor irrigação sanguínea momentaneamente, forçando as células a consumirem uma forma de glicose (chamada de glicose-6-fosfato e obtida a partir da reserva local conhecida como glicogênio) para obter ATP a fim de manter a contração. Então, em situações de hipóxia (queda na concentração de gás oxigênio), haverá aumento na utilização de glicose como fonte de ATP. E como ainda é possível obter ATP de uma molécula mesmo na ausência de oxigênio? E em qual parte disto tudo se encaixam as mitocôndrias?

A glicólise é a via metabólica responsável pela síntese de ATP a partir de glicose (Fig. 14.1). As enzimas que fazem parte desta via são encontradas em todos os tipos celulares humanos. A partir do consumo de glicose, são gerados NADH (um nucleotídeo portador de elétrons oriundos da molécula de glicose), um próton (H^+, formado junto do NADH), ATP e ácido pirúvico (que imediatamente se dissocia rendendo piruvato e mais um próton). O NADH citado acima pode ter dois destinos: ser oxidado no citoplasma ou transferir seus elétrons para um sistema chamado de lançadeiras de elétrons (este último é útil apenas em células portadoras de mitocôndrias e é responsável por levar elétrons do citoplasma para estas organelas, onde serão utilizados na produção de ATP). O ATP é imediatamente utilizado pela célula, que não deixa de executar diferentes formas de trabalho em nenhum momento. O piruvato, assim como o NADH, pode ter mais de um destino: em células passando por hipóxia ou que não apresentem mitocôndrias, gera-se ácido láctico a partir de piruvato. Este ácido láctico também se dissocia imediatamente, gerando lactato e um próton (lembre-se que ácidos dissociam, em determinado pH do meio, liberando seus prótons – é assim que ácidos fazem com que o pH de uma dada solução caia). O lactato gerado nestas células será exportado e, a partir da circulação, pode ser captado por diferentes tipos celulares, onde será utilizado de acordo com a demanda. A produção de lactato é constante nas hemácias (células vermelhas do sangue – não contêm mitocôndrias e não conseguem oxidar outros combustíveis para manter seu estado energético) e por células presentes no cristalino (estrutura avascular dos olhos, na qual parte das células também não apresentam mitocôndrias), na epiderme e nas cartilagens, dentre outras. Então, em células passando por hipóxia, ou que não apresentem mitocôndrias, têm-se a formação de ácido láctico a partir da glicólise. O rendimento energético da glicose, nestas condições, é mais baixo quando comparado com aquele observado

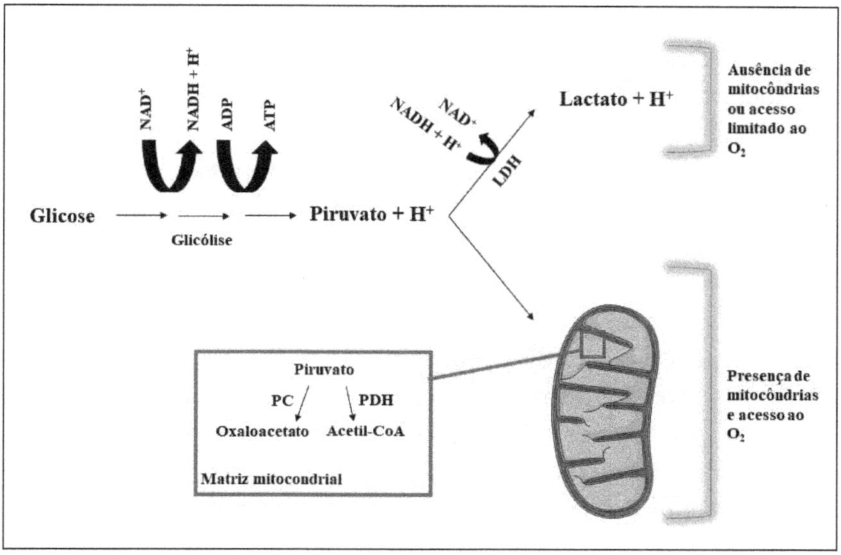

Figura 14.1. *A glicólise e os destinos do piruvato em diferentes contextos metabólicos. Adaptado de "O Incrível Universo do Metabolismo Humano", deste autor. A figura foi parcialmente gerada usando o "Servier Medical Art", providenciado pela Servier, licenciado sob a Creative Commons Attribution 3.0.*

em células mantidas em bom estado de oxigenação e portadoras de mitocôndrias. E são estas organelas, conforme analisado em capítulo anterior, que utilizam o gás oxigênio na amplificação da produção de ATP. Sem as mitocôndrias, ou na ausência de níveis ótimos deste gás, muito menos ATP é gerado e menos trabalho poderá ser realizado pelas células. Um exemplo útil neste momento é o do infarto do miocárdio: nesta condição, menos oxigênio é entregue a uma área do coração. Assim, as células desta área não conseguem mais manter as mitocôndrias ativas na oxidação de moléculas como ácidos graxos e alfa-cetoácidos oriundos de aminoácidos. Por outro lado, a glicose poderá ser utilizada como combustível, gerando ATP. No entanto, a glicólise anaeróbica rende apenas duas moléculas de ATP (produção líquida) a partir da glicose. Isto é muito pouco para manter a função contrátil do coração (que não pode parar de "bater", ou seja, de contrair, para bombear sangue). Assim, pode-se observar parada cardíaca por este motivo, dentre outras consequências. Neste exemplo, torna-se ainda mais clara a importância da dupla gás oxigênio e mitocôndrias: quando ambos estão presentes, mais combustíveis podem ser oxidados e, consequentemente, mais ATP pode ser gerado. A oxidação completa de um ácido graxo pode render mais de cem moléculas de ATP (produção líquida). Muito mais que apenas duas moléculas de ATP a partir da glicólise anaeróbica. A glicólise aeróbica rende pouco mais de trinta moléculas de ATP.

Algumas células, como os neurônios, têm acesso limitado a combustíveis. Ácidos graxos, por exemplo, apresentam baixos níveis de transportadores na barreira hematoencefálica, que é uma barreira biológica que seleciona quais moléculas podem passar da circulação periférica aos neurônios. Assim, ácidos graxos circulantes não são bons combustíveis para neurônios. Alguns aminoácidos, como glutamato, aspartato e glicina, também não são bons combustíveis para neurônios pelo fato de que agem como neurotransmissores naquelas células. Desta forma, a captação destas moléculas, via barreira hematoencefálica, é nula. Caso contrário, estas moléculas teriam acesso fácil aos neurônios e estimulariam seus efeitos em momentos inapropriados. Isto ocorre em decorrência de traumatismo craniano, por exemplo. A glicose, então, será um combustível utilizado em qualquer circunstância por neurônios, pois sua passagem é permitida pela barreira hematoencefálica. Corpos cetônicos também serão bons combustíveis aos neurônios, mas o fígado os produz apenas em situação de jejum (acima de seis/oito horas) e/ou de catabolismo acelerado (estresse crônico, exercício prolongado, outros similares). Em alguns distúrbios metabólicos também é possível observar aumento na produção de corpos cetônicos, como veremos adiante. Alguns aminoácidos, como aqueles de cadeia ramificada (leucina, isoleucina e valina, conhecidos como "BCAA" – do inglês *branched-chain amino acids*) também servem como combustíveis aos neurônios, pois não agem como neurotransmissores e apresentam sistemas de transporte, portanto, na barreira hematoencefálica. Entretanto, no caso de jejum, por exemplo, os BCAA serão originados a partir dos músculos após estes órgãos iniciarem a proteólise necessária para sua própria manutenção. Isto leva algum tempo e gera quantidades moderadas de BCAA para a circulação, já que estes aminoácidos também são bons combustíveis para as fibras musculares. Neste contexto, percebe-se que queda brusca na glicemia pode ser um grave problema para a função dos neurônios, já que, embora estas células utilizem outros combustíveis, leva-se algum tempo para que os níveis destes se elevem, na circulação, a ponto de manter o estado energético neuronal.

Em termos de manutenção da produção de ATP, são estes os principais motivos pelos quais a glicemia deve ser mantida ao longo dos mais diversos momentos metabólicos pelos quais passamos. Há células que consomem apenas glicose como combustível e há células com acesso limitado a outros substratos energéticos. Lidar com tudo isto obriga o fígado, principalmente, a trabalhar bastante durante o jejum (e em situações variadas como ingestão de refeição pobre em carboidrato, prática prolongada de exercício físico, estresse crônico, dentre outras). Este órgão, como já pudemos ver em capítulos anteriores, não terá apenas a função de manter a glicemia, entretanto, sendo necessário um controle estrito de todo o metabolismo, em cada órgão, para evitar um colapso grave que pode causar nossa morte. Além do papel energético, a glicose serve como matéria-prima para a síntese de lipídios, de alguns aminoácidos e de uma pentose (carboidrato contendo cinco carbonos) que será parte importante dos nucleotídeos, as moléculas formadoras do DNA e do RNA. Veremos, ao longo do livro, mais destinos para a glicose, que é considerada uma das moléculas mais versáteis em nosso metabolismo.

Referências

DEVLIN TM. *Manual de Bioquímica com Correlações Clínicas*. 7. ed. Blucher, 2011.

LIEBERMAN M, PEET A. *Marks' Basic Medical Biochemistry: A Clinical Approach*. 5. ed. LWW, 2017.

TYMOCZKO JL, BERG JM, STRYER L. *Bioquímica Fundamental*. 1. ed. Guanabara Koogan, 2011.

CAPÍTULO 15

ÁCIDO LÁCTICO E A ARTE DA SOBREVIVÊNCIA: O QUE VOCÊ NÃO SABIA

O ácido láctico, assim como diversos outros ácidos, é produzido constantemente em nosso organismo. Algumas células, como as hemácias e aquelas formadoras da epiderme, do cristalino e das cartilagens, produzem ácido láctico a partir do metabolismo de glicose, conforme visto no capítulo anterior. Este ácido logo dissocia, formando lactato e um próton (H^+). O acúmulo de prótons no meio é evitado por diversos sistemas químicos e biológicos de tamponamento. Caso contrário, ocorreria uma queda no pH do meio, levando à acidificação deste e uma série de consequências negativas ao tecido afetado. A partir das células produtoras, o lactato é exportado para a circulação, de onde é captado por diversos tipos celulares, nos quais desempenha diferentes papéis (Fig. 15.1).

Durante o jejum, o fígado capta lactato e o converte em glicose pela via metabólica conhecida como gliconeogênese. Além disso, o lactato pode ser usado na síntese de glicerol-3-fosfato (pela via metabólica chamada de gliceroneogênese), necessário para a ressíntese de triglicerídeos que ocorre nos hepatócitos neste momento metabólico (pode-se interpretar este processo como uma devolução de lipídios não utilizados pelo fígado à circulação). O fígado será um dos principais destinos do lactato, portanto, enquanto estivermos em jejum. É um dos principais substratos gliconeogênicos e fundamental, portanto, à manutenção da glicemia em um momento de não-alimentação.

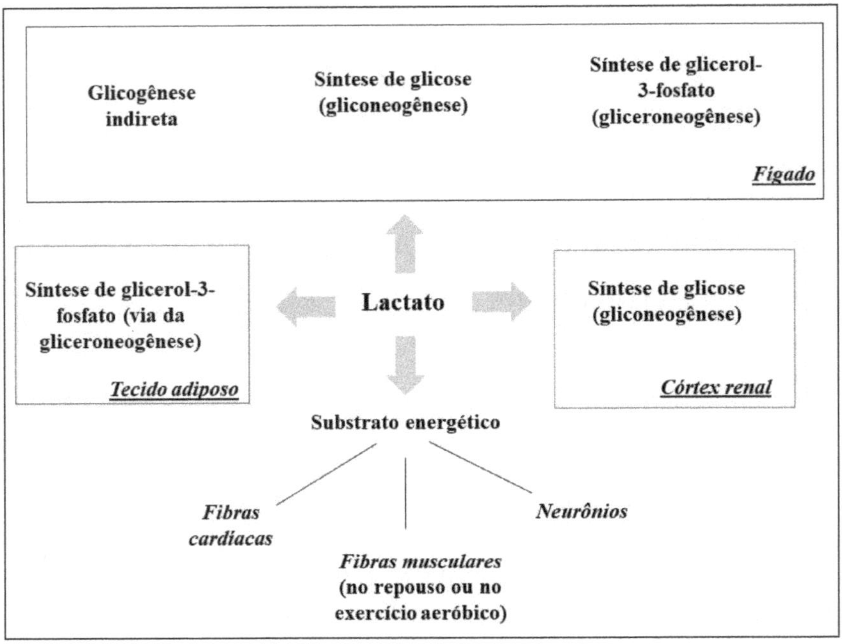

Figura 15.1. *As funções diversas desempenhadas pelo lactato no organismo humano. Adaptado de "O Incrível Universo do Metabolismo Humano", deste autor.*

Durante o jejum em repouso, músculos esqueléticos e o coração (enquanto mantiver batimentos em frequência normal deste estado) podem captar lactato circulante, transformando esta molécula em piruvato por meio da enzima lactato desidrogenase. Este piruvato é captado pelas mitocôndrias (que estão bem oxigenadas na condição de repouso) e transformado em oxaloacetato, principalmente, servindo ao ciclo de Krebs e, consequentemente, à produção de ATP por meio de processos aeróbicos. A utilização de lactato como fonte de piruvato é estratégica às fibras musculares (esqueléticas e cardíacas), pois serve como precursor anaplerótico ao ciclo de Krebs em um momento no qual aquelas células consomem grandes quantidades de ácidos graxos. A oxidação de ácidos graxos gera acetil-coenzima A, dentre outras moléculas e, desta forma, supre o ciclo de Krebs apenas de uma das moléculas necessárias para seu início. O oxaloacetato gerado a partir do piruvato oriundo do lactato será necessário para que o início do ciclo de Krebs seja possível. A condensação de oxaloacetato com acetil-coenzima A é obrigatória para que o ciclo inicie e prossiga na obtenção de energia a partir dos combustíveis. Caso falte oxaloacetato, o ciclo não é iniciado e o metabolismo aeróbico é suprimido nas fibras musculares esqueléticas e cardíacas. Na verdade, qualquer célula que dependa do ciclo de Krebs como parte do metabolismo energético aeróbico seria afetada em uma circunstância como esta.

O tecido adiposo também capta lactato para gerar glicerol-3--fosfato pela gliceroneogênese (conforme também citado para o fígado). A síntese de glicerol-3-fosfato tem um propósito diferente no tecido adiposo: a lipólise gera ácidos graxos e glicerol a partir de triglicerídeos. O glicerol é liberado imediatamente e, a partir da circulação, também pode ser captado pelo fígado e utilizado na produção de glicose pela gliconeogênese durante o jejum. Os ácidos graxos, no entanto, são apenas parcialmente liberados. Cerca de 60 a 70% destes alcançam a circulação, na qual são transportados, por meio da proteína albumina, aos tecidos que os consomem como combustível. O restante destes ácidos graxos são reesterificados usando aquele glicerol-3-fosfato produzido também a partir de lactato. Este processo evita que a totalidade de ácidos graxos obtidos da lipólise seja liberada na circulação, evitando o rápido consumo do conteúdo adipocítico. Assim, parte dos ácidos graxos permanecerá no tecido adiposo aguardando por novo estímulo para sua liberação. É uma forma de lidar com o desconhecido: não se sabe quanto tempo irá durar o jejum, por exemplo. Então, evita-se liberar, de imediato, grandes conteúdos de ácidos graxos.

Um outro destino do lactato são os neurônios. No entanto, não é exatamente o lactato da circulação periférica que importa neste outro contexto. Os astrócitos são as células companheiras dos neurônios. São responsáveis pelo metabolismo de íons e de neurotransmissores, dentre outras tarefas, no sistema nervoso central. Além disso, armazenam glicogênio, aquele polímero de glicose já discutido anteriormente. Quando a atividade neuronal se eleva, os astrócitos recebem sinais e iniciam a quebra de glicogênio, rendendo glicose-6-fosfato que é consumida na glicólise, gerando lactato. Este lactato é exportado aos neurônios, que o captam e o convertem em piruvato. As mitocôndrias captam o piruvato e utilizam da mesma forma que mencionado acima para as fibras musculares esqueléticas e cardíacas. Assim, o piruvato oriundo do lactato servirá como precursor anaplerótico do ciclo de Krebs neuronal, permitindo o pleno funcionamento do metabolismo aeróbico naquelas células.

Não chame o ácido láctico de "toxina"! Trata-se de uma molécula extremamente útil ao metabolismo humano!

O ácido láctico é discriminado quando tratado como "toxina". E esta caracterização mentirosa vem do fato de que o acúmulo desta molécula e a consequente liberação de seu próton no meio leva a uma queda no pH do meio, sendo percebida como ardência em músculos e também apresentando papel nas câimbras. No entanto, isto não é o suficiente para tratar tal molécula como "toxina". Primeiramente, toxina é uma molécula produzida naturalmente por seres vivos (algas, bactérias, fungos, vegetais, animais) diversos. Tem o papel de desabilitar ou de matar seu alvo. Não é o caso aqui. O ácido láctico é um produto normal do metabolismo. Apresenta muito mais benefícios que malefícios. Ainda, é importante lembrar que o acúmulo de qualquer ácido pode ser prejudicial ao organismo. No entanto, nosso corpo apresenta diversos mecanismos de defesa contra a acidificação do meio, como os tampões químicos e os biológicos (ou fisiológicos, como os rins e os pulmões). Assim, pode-se afirmar, com total certeza e tranquilidade, que o lactato é uma molécula vital ao organismo.

Referências

DEVLIN TM. *Manual de Bioquímica com Correlações Clínicas*. 7. ed. Blucher, 2011.

LIEBERMAN M, PEET A. *Marks' Basic Medical Biochemistry: A Clinical Approach*. 5. ed. LWW, 2017.

TYMOCZKO JL, BERG JM, STRYER L. *Bioquímica Fundamental*. 1. ed. Guanabara Koogan, 2011.

CAPÍTULO 16

RELAÇÃO ENTRE CARBOIDRATOS E LIPÍDIOS NA SAÚDE E NA DOENÇA

Lipídios, como triglicerídeos e colesterol, são obtidos, diretamente, da dieta. Triglicerídeos são obtidos tanto das dietas de origem animal quanto daquelas de origem vegetal (sim, estes lipídios são formas de armazenamento também em células vegetais). Por outro lado, o colesterol é encontrado apenas em células animais. Assim, não teremos a dieta de origem vegetal como fonte deste lipídio. Quanto maior o conteúdo de lipídios ingeridos, maiores as chances de o organismo os armazenar, no tecido adiposo, após rápido processamento no intestino delgado e no fígado. Há quem pense que os lipídios oriundos de vegetais não colaboram no ganho de massa adipocítica, mas isto é um ledo engano.

Além dos lipídios obtidos da dieta, estes podem ser produzidos a partir de carboidratos (Fig. 16.1). Sempre que o organismo se encontra em estado de hiperglicemia e de hiperinsulinemia, observa-se aumento na transformação de parte dos carboidratos ingeridos em lipídios, como ácidos graxos, triglicerídeos e colesterol, dentre outros, como fosfolipídios (que são os principais lipídios de biomembranas – envoltórios de células, de organelas e de vesículas intracelulares). Após a digestão dos carboidratos, o intestino delgado absorve os monossacarídeos glicose, frutose e galactose, dentre outros, e os repassa para a circulação, de onde são distribuídos para diversos tipos celulares e órgãos. No fígado, o aumento na oferta destes carboidratos, junto do sinal dependente de insulina, proporciona que

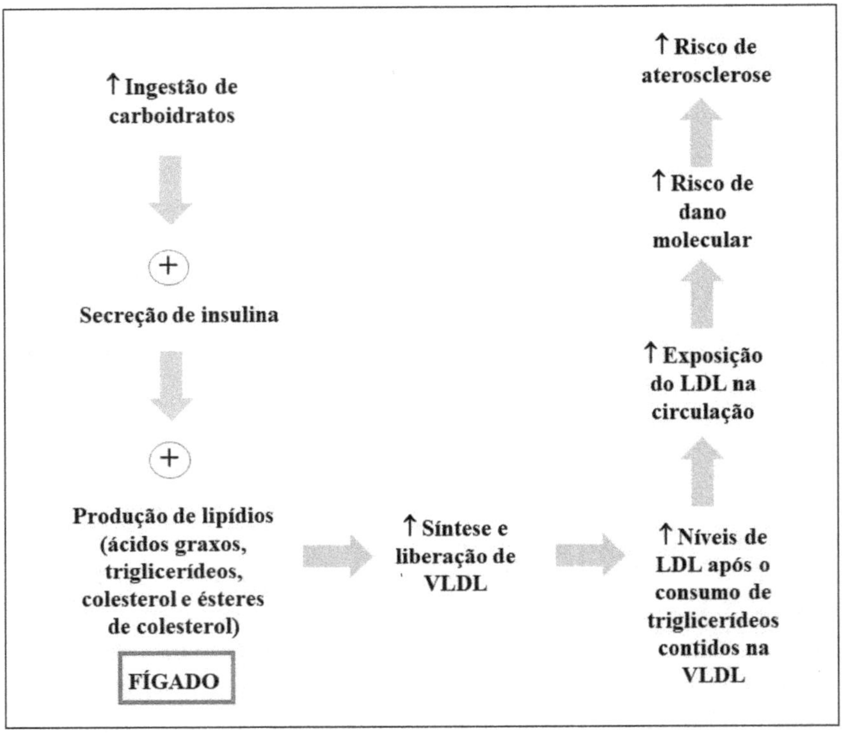

Figura 16.1. *Um resumo da transformação do carboidrato glicose em lipídios diversos durante o estado alimentado e hiperinsulinêmico. Adaptado de "O Incrível Universo do Metabolismo Humano", deste autor.*

uma parte dos mesmos seja transformada em moléculas como ácidos graxos. Este é um caminho metabólico que depende, em parte, da função mitocondrial, responsável em converter o piruvato oriundo dos monossacarídeos em moléculas como acetil-coenzima A e oxaloacetato. Estas duas são condensadas, por meio da ação da enzima citrato sintase, gerando citrato também dentro das mitocôndrias. O citrato é exportado para o citoplasma, sendo transformado em acetil-coenzima A e oxaloacetato (as mesmas moléculas que o originaram) pela enzima citrato liase (que é dependente de ATP). A formação de acetil-coenzima A mitocondrial é necessária, quando a célula o faz a partir de glicose, porque as reações envolvidas nesta parte da via da síntese de lipídios não apresentam enzimas citoplasmáticas. Desta forma, o acetil-coenzima A citoplasmático segue na síntese de lipídios, enquanto o oxaloacetato sofrerá outras transformações e tomará destinos diversos.

Então, no citoplasma, o acetil-coenzima A será convertido, passo a passo, em moléculas de ácido graxo e de colesterol. A glicose que serviu de fonte de carbonos para acetil-coenzima A também fornece átomos para a síntese de glicerol-3-fosfato, necessário para a formação de triglicerídeos, que são uma forma quimicamente estável de transporte e armazenamento de lipídios (nenhum organismo vivo armazena ácidos graxos livres, dada sua reatividade com outros lipídios, como os de membrana, podendo causar danos a esta e lesão celular grave). Os ácidos graxos produzidos neste momento são ativados (ou seja, levemente modificados em termos estruturais) e ligados à molécula de glicerol-3-fosfato, gerando triglicerídeos. A exportação de triglicerídeos e de ésteres de colesterol, a partir do fígado, depende da incorporação dos mesmos nas lipoproteínas conhecidas como VLDL (do inglês *very low density lipoprotein* – ou lipoproteína de densidade muito baixa). Apenas assim os triglicerídeos serão solúveis na circulação e na concentração que são produzidos no fígado durante o estado alimentado (e durante o jejum, quando são sintetizados por caminho diverso). Neste contexto, sabe-se que elevação nos níveis sanguíneos de triglicerídeos e/ou de VLDL pode ser resultado da ingestão excessiva de carboidratos, devendo-se ater atenção a isto quando constatada hipertrigliceridemia e/ou hipercolesterolemia, por exemplo. É por isto que é comum receber recomendação para ingerir menos carboidrato quando constatada a dislipidemia (que é uma desregulação nos níveis de lipídios no organismo).

Quando diagnosticada a hipertrigliceridemia e/ou a hipercolesterolemia, esforços são necessários para que estes níveis sejam revertidos a patamares saudáveis. Neste sentido, a prática de exercícios físicos, além de alterações na dieta, auxilia na redução de lipídios circulantes e armazenados porque os músculos utilizarão ácidos graxos como combustíveis em um momento ou outro, dependendo do tipo de contração executada. Em qualquer tipo de exercício físico, triglicerídeos são mobilizados, a partir do tecido adiposo, por meio de sua transformação em ácidos graxos e glicerol via lipólise. No entanto, sua utilização é limitada, nos músculos, quando estes executam atividades anaeróbicas. Durante o repouso, quando se observa bom fluxo sanguíneo nos músculos e, portanto, boa oxigenação, os ácidos graxos poderão ser oxidados nos processos associados à produção de ATP (e que ocorrem nas mitocôndrias, organelas dependentes de gás oxigênio para este fim, conforme já analisado anteriormente). Isto ajuda a diminuir o armazenamento de triglicerídeos, ao longo do tempo, se uma dieta para este fim também for aplicada. Exercícios físicos também serão auxiliares na redução da glicemia, se esta estiver elevada (o que é comum em casos, por exemplo, de resistência à insulina associada ou não ao diabetes *mellitus* tipo II). Ao longo do livro, retornaremos ao tema exercício físico com mais detalhes em relação às alterações metabólicas proporcionadas por esta prática.

Referências

DEVLIN TM. *Manual de Bioquímica com Correlações Clínicas*. 7. ed. Blucher, 2011.

LIEBERMAN M, PEET A. *Marks' Basic Medical Biochemistry: A Clinical Approach*. 5. ed. LWW, 2017.

TYMOCZKO JL, BERG JM, STRYER L. *Bioquímica Fundamental*. 1. ed. Guanabara Koogan, 2011.

CAPÍTULO 17

SOLICITE O EXAME DE HEMOGLOBINA GLICADA JÁ!

A quantificação dos níveis de lipídios, que indicarão a necessidade de estratégias para normalização destes, por exemplo, devem vir acompanhadas também da análise de valores de glicemia (ou seja, dos níveis de glicose no sangue). Há duas formas básicas de avaliação da glicemia: o exame de sangue que mostra o valor pontual da concentração de glicose (ou seja, o nível deste carboidrato naquele momento exato no sangue) e aquele que evidencia um "histórico" da glicemia por meio da quantificação da hemoglobina glicada.

A hemoglobina é uma proteína presente nas hemácias (células vermelhas do sangue) e que é responsável pelo transporte de gases na circulação. Como se sabe, as hemácias carregam o gás oxigênio inspirado, a partir dos pulmões, para o restante dos tecidos. Destes, transportam o gás carbônico oriundo do metabolismo para ser expirado pelos pulmões. Além de se ligar a estes gases, a hemoglobina é um importante agente tamponante, pois associa-se com prótons (H^+), ajudando a manter o pH do sangue em faixas fisiológicas e, portanto, seguras.

As hemácias são células anucleadas (não apresentam núcleo celular) nem qualquer tipo de organela. Assim, não contêm mitocôndrias. Desta forma, não podem oxidar nenhum outro combustível (ácidos graxos, corpos cetônicos, alfa-cetoácidos oriundos de aminoácidos) com exceção da glicose. Este será o único substrato energético das hemácias ao longo dos seus cerca de cento e vinte (120) dias de vida. Ao longo deste tempo, a glicose é captada, portanto, de forma constante, mantendo a glicólise e a produção de ATP ativas nestas células. No entanto, a glicose é uma molécula reativa por natureza. Invariavelmente, parte da glicose reagirá com proteínas da hemácia (e de qualquer tipo celular que utilize glicose, na verdade, em um momento metabólico ou outro). Este processo de ligação inespecífica e espontânea da glicose com proteínas se chama glicação (não confundir com *glicosilação*, processo mediado por enzimas). Isto pode alterar a forma (ou *conformação*) e a função das proteínas. De qualquer forma, a quantificação do nível de proteínas glicadas auxilia no estudo da flutuação da concentração de glicose em um dado período.

Como as hemácias sempre utilizam glicose ao longo dos 120 dias de vida, então a análise de hemoglobina glicada mostra um histórico da oscilação da glicemia neste período. Aumento na concentração de hemoglobina glicada sugere que houve aumento na glicemia ao longo daquele período. É possível, por exemplo, que o exame simples de glicemia denuncie valores normais de glicose sanguínea ao mesmo tempo que a análise de hemoglobina glicada indique valores aumentados daquele parâmetro. Como isto pode ocorrer? Bom, é possível que, no dia da coleta de sangue, como consequência do próprio jejum, a concentração de glicose circulante tenha sido normalizada. Os níveis de hemoglobina glicada, por outro lado, não podem ser reduzidos por mero jejum anterior ao exame. Como vimos, o acúmulo de hemoglobina glicada é proporcionado por eventos diversos de hiperglicemia que ocorreram ao longo de, pelo menos, 120 dias. E estes eventos de hiperglicemia podem ser mais complexos que o esperado. É comum que tenha havido consumo elevado de carboidratos neste período. Seria o mais simples a se pensar. No entanto, a alteração que afetou a hemoglobina glicada pode ser fruto de resistência à insulina iniciada durante os 120 dias ou antes disto. Resistência à insulina não é sinônimo de diabetes *mellitus*, mas pode ser considerado um estágio pré-diabetes, passível de tratamento e de reversão, felizmente.

Solicite o exame de hemoglobina glicada para acompanhar um histórico de sua glicemia!

Assim, a avaliação de hemoglobina glicada é estratégica na prevenção de desordens metabólicas e na manutenção de doenças já diagnosticadas. Em termos simplificados, equivale à realização diária, por 120 dias, do exame mais comum de glicemia. Como isto é possível apenas em teoria, vale a pena investir neste exame quando pertinente. Além disso, inúmeras outras proteínas, como colágeno e elastina (na pele), podem ser glicadas. No entanto, a coleta de exame de sangue é extremamente acessível, quando comparada à de outras regiões do organismo. Assim, é recomendado que converse com sua equipe médica e solicite este exame, se isto ainda não ocorreu, devido aos benefícios que o mesmo proporciona ao controle de um parâmetro tão importante na manutenção da qualidade de sua saúde e de sua vida.

Referências

DEVLIN TM. *Manual de Bioquímica com Correlações Clínicas*. 7. ed. Blucher, 2011.

LIEBERMAN M, PEET A. *Marks' Basic Medical Biochemistry: A Clinical Approach*. 5. ed. LWW, 2017.

TYMOCZKO JL, BERG JM, STRYER L. *Bioquímica Fundamental*. 1. ed. Guanabara Koogan, 2011.

CAPÍTULO 18

ALTERAÇÕES NO METABOLISMO DE GLICOSE NO DIABETES *MELLITUS*

A hiperglicemia é comum tanto no diabetes *mellitus* tipo I quanto no tipo II. No entanto, a alteração na concentração de glicose circulante ocorre devido a causas diferentes. No tipo I, o pâncreas não produz insulina. No tipo II, pode produzir até mais que o normal, mas o sinal estimulado por este hormônio não é suficientemente forte para que seus efeitos sejam induzidos no organismo. Trata-se de uma falha na sinalização dependente de insulina, portanto. Em uma tentativa de compensar isto, o organismo passa a produzir mais insulina.

A insulina serve para comunicar as células que o organismo apresenta um aumento na quantidade de glicose circulante devido à ingestão de uma refeição contendo carboidratos (Fig. 18.1). É um aviso para o organismo, portanto. Assim, células como as fibras musculares (tanto esqueléticas como cardíacas) e os adipócitos (presentes no tecido adiposo), ao receberem o sinal da insulina, passam a captar mais glicose circulante por meio de um transportador dependente de insulina, o GLUT4. Após captada, a glicose será utilizada, nestas células, em diferentes rotas metabólicas, incluindo a glicólise (responsável por extrair energia a partir da glicose, dentre outras funções) e a síntese de glicogênio (polímero de reserva de glicose encontrado, principalmente, em músculos e no fígado). O tecido adiposo não armazena glicogênio, mas depende de glicose para produzir glicerol-3-fosfato, que é necessário à síntese de triglicerídeos, os quais são armazenados nos adipócitos e mobilizados em estados catabólicos.

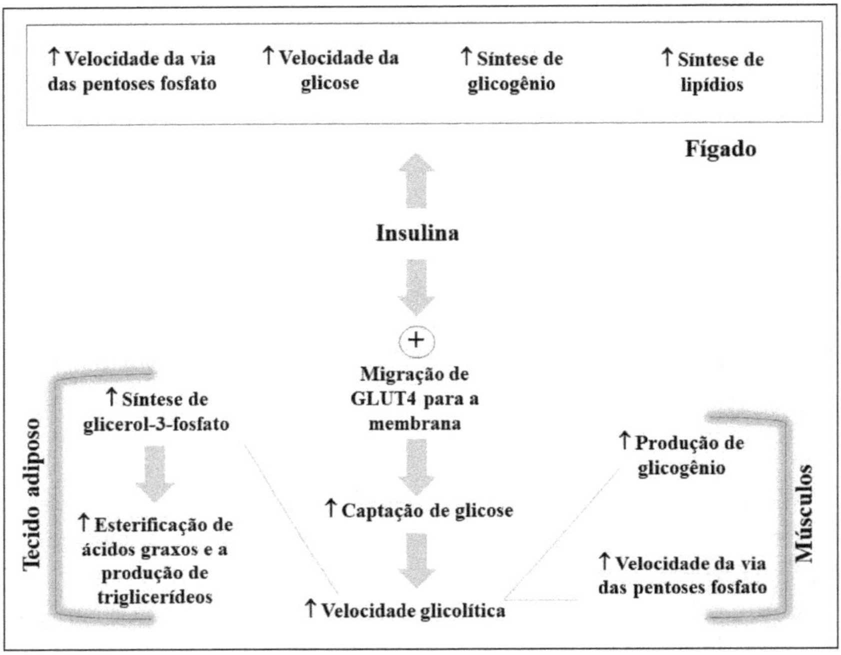

Figura 18.1. *A insulina comunica diferentes tipos celulares de que há um estado de hiperglicemia no organismo. Assim, as células podem consumir glicose em diferentes vias metabólicas, reduzindo os níveis de glicose circulante e promovendo, portanto, a normoglicemia.*
Adaptado de "O Incrível Universo do Metabolismo Humano", deste autor.

Além das fibras musculares e dos adipócitos, outras células captam glicose quando seus níveis se elevam na circulação, mas o fazem de forma independente da insulina. É o caso dos hepatócitos, células do fígado que, durante o estado hiperglicêmico e hiperinsulinêmico, utilizam glicose como combustível e como matéria-prima em diversas outras rotas metabólicas. A insulina, neste caso específico, não foi necessária para que os hepatócitos captassem a glicose. Este hormônio estimula, por outro lado, o uso da glicose pelo fígado. A insulina promove a glicólise no fígado, permitindo que energia seja extraída deste carboidrato. A síntese de glicogênio também é aumentada na presença do sinal de insulina no fígado. Além disso, a insulina estimula a conversão de glicose em lipídios no fígado. Trata-se de um longo caminho metabólico que depende de enzimas induzíveis, ou seja, cuja produção é estimulada pelo insulina, otimizando aquela via metabólica. Assim, a insulina induz a síntese de ácidos graxos, de triglicerídeos e de colesterol e seus ésteres a partir de átomos derivados da glicose. Ainda no fígado, a insulina promove a via das pentoses fosfato, que gera moléculas necessárias à síntese de lipídios e de nucleotídeos (matéria-prima para a produção dos famosos ácidos nucleicos DNA e RNA), resumidamente. Desta forma, percebe-se que a insulina estimulou o consumo simultâneo de glicose por diversas vias metabólicas nos hepatócitos, contribuindo na remoção deste carboidrato da circulação. Em conjunto com aquilo observado em fibras musculares e adipócitos, observa-se uma normalização da glicemia, após a ingestão de refeição contendo carboidratos, dentro de cerca de duas horas. Outras células não dependem tanto de insulina na captação e/ou na utilização de glicose, e isto pode não ser muito bem-vindo quando tratando-se de pacientes com diabetes, como veremos.

No caso de disfunções endócrinas como diabetes *mellitus* tipos I ou II, muito menos glicose é captada e/ou utilizada por aqueles tipos celulares, reduzindo a eficiência dos mesmos em colaborar na normalização da glicemia. A glicose permanece, então, em maior concentração e por mais tempo na circulação, exercendo seus efeitos negativos (Fig. 18.2). Inicialmente, a glicose é um osmólito ativo, ou seja, atrai água para o compartimento onde se encontra em maior concentração. Isto é parte importante do mecanismo pelo qual hiperglicemia duradoura eleva a pressão arterial em pacientes sofrendo de pré-diabetes ou de diabetes. A glicose atrai água dos tecidos para a circulação, aumentando seu volume e exercendo força sobre os vasos. É por isto que é comum que sejam observados, simultaneamente, pré-diabetes ou diabetes e hipertensão.

Além disso, a glicose é capaz de sofrer um processo de autoxidação, que gera espécies reativas que promovem estresse oxidativo em vasos sanguíneos e nos tecidos que captaram glicose de forma independente de insulina. No interior dos tipos celulares que os compõem, observa-se elevação duradoura da concentração de glicose porque sua captação é simplificada. A hiperglicemia, então, logo

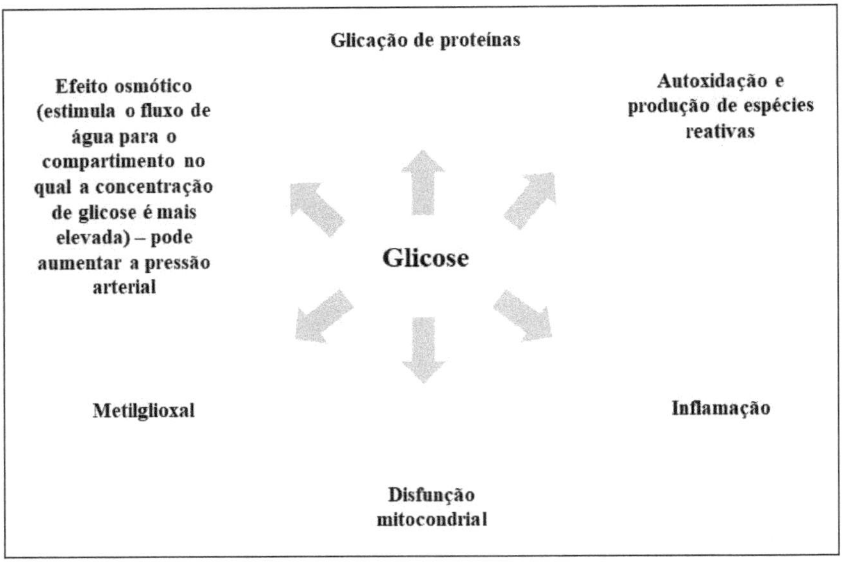

Figura 18.2. *Um resumo dos efeitos nocivos causados pela glicose no organismo humano. Adaptado de "O Incrível Universo do Metabolismo Humano", deste autor.*

resulta em aumento na concentração de glicose intracelular. Isto é comum em hemácias e em neurônios, dentre outros tipos celulares. A autoxidação de glicose propicia, nestas células, além daquilo observado na circulação, eventos de estresse oxidativo que podem ser parte importantes de distúrbios associados com as doenças de Alzheimer e de Parkinson, que vem sendo associadas às alterações metabólicas envolvendo glicose.

Neste sentido, a glicação, comentada em capítulo anterior, é algo que ocorre não apenas em hemoglobina. Qualquer proteína pode ser glicada quando a concentração de glicose se eleva e assim permanece por mais tempo que o normal. A glicação ocorre mesmo em organismos saudáveis em baixa taxa, permitindo a troca de proteínas danificadas por outras novas em tempo hábil. Quando este sistema de reposição é sobrecarregado, proteínas glicadas diversas se acumulam, podendo formar grumos proteicos que perturbam as células, causando sua morte precoce. A glicação de proteínas, em conjunto com a autoxidação de glicose citada acima, é preocupante em neurônios, cuja reposição é limitada a poucas regiões encefálicas. Assim, na maior parte dos casos, neurônios mortos não são repostos.

Em conjunto, a glicação e a autoxidação podem fomentar processos inflamatórios, dentre outras consequências. Isto é comum em vasos sanguíneos (pois estão expostos, diretamente, às elevadas concentrações de glicose) e em neurônios (mais uma vez, devido à captação facilitada observada nestas células). A chamada neuroinflamação é causa importante de disfunções severas no encéfalo, afetando em muito a qualidade de vida de pacientes com diabetes. Eventos inflamatórios crônicos também causam morte celular em diferentes tecidos, promovendo disfunções generalizadas.

Quando a oferta de glicose se eleva por mais tempo que o normal, algumas células utilizam este carboidrato de forma mais rápida na via metabólica conhecida como glicólise. Assim, passam a produzir, em maior quantidade e de forma prolongada, uma molécula reativa chamada metilglioxal. Trata-se de um derivado comum da glicólise, formado mesmo em situações fisiológicas (ou seja, na ausência de qualquer desordem metabólica ou doença). A formação mais rápida de metilglioxal, no entanto, limita a capacidade de as células em depurá-lo, favorecendo seu acúmulo. O metilglioxal também reage com proteínas, glicando-as de forma mais eficiente que a própria glicose, inclusive. Além disso, induz disfunção mitocondrial, diminuindo a produção de ATP por estas organelas. Além disso, o metilglioxal aumenta a produção de espécies reativas pelas mitocôndrias, podendo promover estresse oxidativo e estresse nitrosativo. Em conjunto, tais alterações deletérias também promovem inflamação e morte celular em diversos tecidos. A glicose, então, não age sozinha na indução destes efeitos deletérios. A glicação de proteínas é fonte, na verdade, de ainda mais moléculas reativas que, junto da glicose e do metilglioxal, afetarão, de forma agressiva, o organismo de pacientes sofrendo de distúrbios no metabolismo de glicose.

Além dos efeitos mencionados em relação à glicose, também são comuns as alterações que afetam o metabolismo de lipídios em pacientes com diabetes. A síntese de lipídios, como ácidos graxos, triglicerídeos e colesterol, que depende de insulina e do bom uso de glicose, conforme mencionado em capítulo anterior, também é afetada, podendo haver diminuição na sua eficiência. Isto é mais comum em diabetes tipo I, pois a insulina não é sintetizada no organismo. Assim, na ausência de um tratamento correto, o organismo faz menor uso de glicose como fonte de átomos para a síntese de lipídios, diminuindo, consequentemente, seu armazenamento. A ausência de insulina promove, por outro lado, um estado de catabolismo intenso no organismo. Isto significa que é priorizada a mobilização (ou seja, o uso) de reservas, e não sua produção. Os poucos triglicerídeos armazenados são quebrados e os ácidos graxos são liberados, servindo como combustíveis para diversos tipos celulares mesmo durante estado alimentado. A consequente diminuição na massa adipocítica promove emagrecimento (pois é causada tanto por diminuição na sua síntese quanto por aumento no seu uso). Além disso, em uma circunstância como esta, o fígado utiliza parte dos produtos oriundos da oxidação de ácidos graxos na síntese de corpos cetônicos. Dependendo da velocidade de síntese destas moléculas, observa-se o hálito cetótico, que será discutido adiante no livro.

Neste contexto de catabolismo, a proteólise muscular, ou seja, a quebra de proteínas nos músculos, também é observada em taxas aumentadas em circunstâncias associadas ao pré-diabetes ou ao diabetes já estabelecido. A mera queda na concentração de insulina já é o bastante para que se inicie a quebra de proteínas nos músculos mesmo em condições fisiológicas. Este processo gera aminoácidos livres que são usados, dentre outros destinos, como fonte de alfa-cetoácidos que serão utilizados pelas fibras musculares como combustíveis durante estados catabólicos (e, para ficar claro, isto envolve tanto o jejum, a resposta ao estresse e a prática de atividade física como as situações de pré-diabetes e diabetes tratadas neste capítulo). Parte dos aminoácidos gerados pela proteólise é liberada na circulação. Outros, como alanina e glutamina, podem ser produzidos nas fibras, por meios diversos, e exportados. Da circulação, alguns destes aminoácidos são captados pelo fígado e convertidos em glicose pela via chamada gliconeogênese. Isto é excelente quando as condições são fisiológicas. No entanto, em pacientes com pré-diabetes ou diabetes, é péssimo e colabora com a hiperglicemia observada. O organismo está contribuindo, portanto, para gerar a hiperglicemia em uma situação na qual a captação e/ou o uso de glicose já estão prejudicados. Mais detalhes sobre o metabolismo de aminoácidos serão tratados futuramente no livro. De qualquer forma, recomenda-se a leitura de capítulos anteriores, nos quais a gliconeogênese foi analisada como via crucial na manutenção da glicemia ao longo de estados catabólicos.

Então, a queda nos níveis ou no poder de sinalização da insulina afetam, tanto de forma direta como indireta o metabolismo da glicose, favorecendo seu acúmulo e o surgimento de uma série de efeitos deletérios que promovem desgaste severo de todos os tipos celulares de nosso organismo. Ao progredir, o diabetes é facilitador de outras desordens tão ou mais graves, como as doenças neurodegenerativas, cuja cura também não foi encontrada ainda. Portanto, a realização de exames periódicos, bem como uma conversa sincera com quem acompanha sua saúde, é algo quase que obrigatório, em termos bioquímicos e clínicos, para manter a saúde e a qualidade de vida.

Referências

DEVLIN TM. *Manual de Bioquímica com Correlações Clínicas*. 7. ed. Blucher, 2011.

LIEBERMAN M, PEET A. *Marks' Basic Medical Biochemistry: A Clinical Approach*. 5. ed. LWW, 2017.

TYMOCZKO JL, BERG JM, STRYER L. *Bioquímica Fundamental*. 1. ed. Guanabara Koogan, 2011.

CAPÍTULO 19

LIPÍDIOS SÃO FUNDAMENTAIS PARA A VIDA HUMANA

Moléculas como ácidos graxos, triglicerídeos, colesterol e fosfolipídios, dentre inúmeras outras, pertencem à classe dos lipídios (Fig. 19.1). Geralmente, são moléculas pouco solúveis em água e, portanto, requerem cuidados especiais durante seu transporte e armazenamento. Na circulação, o transporte destas moléculas envolve proteínas transportadoras, como a albumina (para ácidos graxos), os quilomícrons (produzidos no intestino e relacionados ao transporte de lipídios oriundos da dieta, como colesterol, ésteres de colesterol e triglicerídeos) e a lipoproteína de densidade muito baixa (VLDL) e seus derivados (lipoproteínas de densidades intermediária e baixa, IDL e LDL, respectivamente, também envolvidos, em maior ou menor graus, no transporte de triglicerídeos e de ésteres de colesterol). A lipoproteína de alta densidade (HDL) está também envolvida no transporte de ésteres de colesterol. No entanto, esta lipoproteína transporta estas moléculas da circulação periférica para o fígado, no chamado transporte reverso de colesterol, diferenciando-a das outras lipoproteínas, que carregam lipídios do sítio de absorção (intestino) ou de síntese (fígado) para os outros tecidos do organismo.

Iniciaremos nossa análise pelos ácidos graxos. Estas moléculas podem apresentar diferentes tamanhos e complexidades de cadeia. Há ácidos graxos de cadeia curta (com cerca de 4 – 6 carbonos), de cadeia média (8 – 12 carbonos), de cadeia longa (14 – 18 carbonos) e de cadeia muito longa (acima de 20 carbonos). Números pares

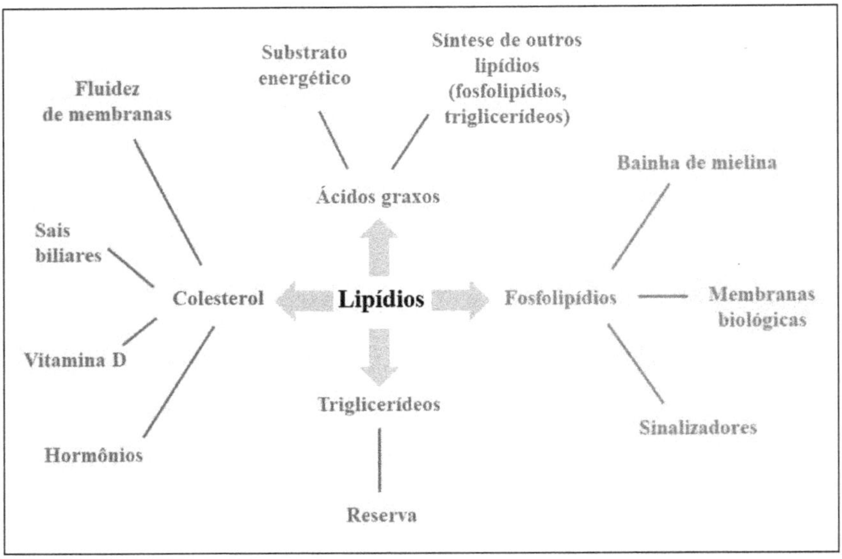

Figura 19.1. *Um resumo das principais funções exercidas pelos lipídios no organismo humano. Foco maior foi dado para o contexto bioenergético. Adaptado de "O Incrível Universo do Metabolismo Humano", deste autor.*

são usados porque representam a maioria dos comprimentos de cadeia de ácidos graxos no organismo humano. A partir da dieta de origem vegetal, são obtidos ácidos graxos de cadeia ímpar e de cadeia ramificada. Após o processamento químico adequado, são metabolizados de forma bastante similar aos ácidos graxos de número par de carbonos na cadeia. Os ácidos graxos são os combustíveis mais rentáveis, energeticamente, no organismo humano. Uma molécula de ácido graxo com cerca de 16 carbonos pode render mais de cem (100) moléculas de ATP quando oxidado completamente. No entanto, são obrigatórias a presença de mitocôndrias e de peroxissomos (organelas que contêm as enzimas necessárias para a via de oxidação dos ácidos graxos, a beta-oxidação) e a boa oxigenação celular. Assim, células não portadoras de mitocôndrias, como as hemácias e células do cristalino, ou células mantidas (conforme observado na epiderme e nas cartilagens) ou passando por hipóxia (músculos em atividade física anaeróbica), não será possível oxidar ácidos graxos como combustível.

Ácidos graxos de cadeia muito longa iniciam sua oxidação nos peroxissomos, rendendo moléculas menores que seguem sendo oxidadas nas mitocôndrias. Assim, os peroxissomos preparam as moléculas de ácidos graxos de cadeia muito longa, diminuindo sua cadeia, para a oxidação poder seguir nas mitocôndrias. A oxidação de ácidos graxos não rende, diretamente, ATP. Por outro lado, são gerados o acetil-coenzima A e duas moléculas especializadas em lidar com elétrons extraídos dos combustíveis: NADH e $FADH_2$ [ou FAD(2H)]. O acetil-coenzima A segue sendo oxidado no ciclo de Krebs, que também produzirá mais NADH e $FADH_2$. Estas moléculas são, posteriormente, consumidas pelo sistema da fosforilação oxidativa mitocondrial, rendendo ATP em grandes quantidades. Ácidos graxos são combustíveis fundamentais ao fígado, aos rins, aos músculos e ao coração durante estados catabólicos como o jejum, em determinadas atividades físicas (desde que aeróbicas) e na recuperação de exercício físico anaeróbico, por exemplo. Estas moléculas, por outro lado, não servem como únicos combustíveis destas células, como a glicose, por exemplo. Sempre que ácidos graxos são usados como combustíveis, moléculas parceiras devem ser oxidadas, simultaneamente, a fim de o ciclo de Krebs, central no metabolismo energético humano, poder iniciar e concluir a oxidação de ácidos graxos e destas moléculas parceiras. Geralmente, ácidos graxos são metabolizados e geram os alfa-cetoácidos que serão oxidados junto dos ácidos graxos, mantendo o ciclo de Krebs em perfeita harmonia com as demais rotas metabólicas associadas. É importante lembrar, então, que a principal fonte de aminoácidos, durante o jejum e em diversos outros estados catabólicos, são os músculos. E a proteólise muscular, então, é a fonte destes aminoácidos quando proteínas daqueles órgãos são selecionadas e quebradas. Sempre perdemos algumas proteínas musculares, então, enquanto mantidos em estados catabólicos. É por isso que atletas ingerem grandes quantidades de alimentos para manter a hipertrofia, ou seja, o ganho de massa muscular. Isto ajuda a repor os componentes musculares (proteínas, principalmente, mas também organelas envolvidas na manutenção do estado energético muscular, como mitocôndrias, cuja construção exige enormes quantidades de moléculas tanto de origem endógena quanto exógena) perdidos durante os estados de jejum obrigatórios, dentre aquilo observado em outros momentos metabólicos, conforme mencionado acima. Ácidos graxos são, então, importantes combustíveis celulares quando oxidados em mitocôndrias e/ou peroxissomos e desde que mantida a oxigenação celular.

No entanto, ácidos graxos não são armazenados nesta forma química, pois são reativos e podem romper membranas biológicas, causando a ruptura das células. Os triglicerídeos são a forma química estável utilizada no armazenamento e, também, no transporte de lipídios. São moléculas compostas por três ácidos graxos ligados, de forma firme, a um esqueleto de glicerol (oriundo do glicerol-3-fosfato, produzido a partir de glicose ou de precursores gliceroneogênicos). Os triglicerídeos podem ser produzidos no intestino a partir de lipídios oriundos da dieta. De lá, são transportados aos demais tecidos por meio dos quilomícrons. No fígado, as partes componentes dos triglicerídeos são oriundas da glicose (no estado alimentado perante sinal de insulina) e da gliceroneogênese (durante o jejum, em processo que veremos a seguir). A partir deste órgão, os triglicerídeos são exportados ligados às VLDL nascentes que, ao reagirem com a HDL na circulação, passam a se chamar VLDL maduras, ou seja, prontas para terem seu conteúdo de triglicerídeos consumido por outras células. O fígado é o principal sítio de produção de lipídios em geral. No estado alimentado, a produção de ácidos graxos e de triglicerídeos, consequentemente, é estimulada por aumento na oferta de glicose e depende de insulina, seu principal estímulo hormonal. No jejum, o fígado produz triglicerídeos por meio da reesterificação de ácidos graxos com o glicerol-3-fosfato fruto da via metabólica chamada gliceroneogênese. Estes ácidos graxos usados na reesterificação são oriundos de momentos de plenitude energética, que ocorrem de forma oscilatória no fígado mesmo durante o jejum. Nestes momentos, os níveis de ATP, dentre outras moléculas energéticas, estão elevados o bastante, impedindo a oxidação de mais substrato energético por um curto espaço de tempo. Assim, os ácidos graxos, que não podem permanecer muito tempo livres, sem destino, por serem tóxicos, devem ser reesterificados (ou seja, devem ser associados, novamente, ao glicerol fosforilado), gerando uma forma quimicamente estável, conforme vimos acima. Os triglicerídeos formados desta maneira são exportados, também, por meio da ligação com as VLDL. Então, VLDL são liberadas do fígado tanto no estado alimentado quanto no jejum, mas seus componentes apresentam origens diversas em cada ocasião. A partir da circulação, as VLDL terão seu conteúdo consumido pelo tecido adiposo, por fibras musculares e cardíacas e por glândulas que dependem de lipídios na produção de hormônios, dentre outros destinos. Quando o consumo de triglicerídeos de VLDL atinge seu nível máximo

Neste contexto, o colesterol é extremamente útil ao organismo, pois é utilizado como matéria-prima na síntese de hormônios como estradiol, testosterona e aldosterona, dentre outros. Além disso, o colesterol é necessário na síntese de sais biliares, os quais estão envolvidos na digestão de gorduras obtidas da dieta. O fígado produz os sais biliares, que permanecem armazenados na vesícula biliar até o momento adequado. A vitamina D, que tem sido considerada um hormônio, também tem sua produção dependente de colesterol. Após ser sintetizada, deve ser ativada, na pele, por mecanismo dependente de raios ultravioleta. No entanto, uma das funções mais relevantes do colesterol é estrutural: este lipídio é o tampão de fluidez em biomembranas. Isto significa que as membranas biológicas (incluindo a membrana plasmática, o envoltório das células) necessitam de colesterol para manter o movimento fluido necessário para que proteínas, e demais componentes, possam se mover mesmo enquanto inseridas naquelas estruturas. Além disso, as próprias membranas apresentam movimento, como aquele observado na endocitose e na exocitose, quando moléculas entram ou saem da célula, respectivamente, por processo envolvendo formação de vesículas que requerem certa plasticidade para ocorrer adequadamente. As membranas biológicas (da célula, de organelas e de vesículas) não são estáticas, rígidas, portanto. Apresentam maleabilidade fundamental à execução de inúmeras tarefas necessárias à manutenção da saúde celular. Caso o conteúdo de colesterol seja diminuído nas biomembranas, estas apresentarão rigidez e a célula poderá entrar em processo de morte programada. Ainda, células do sistema imune, como fagócitos, dependem da fluidez de membrana para ingerir e digerir agentes patogênicos. Este processo, chamado de fagocitose, é altamente dependente da fluidez de membranas. De forma indireta, então, o colesterol é necessário para o bom funcionamento de células do sistema imune. Naturalmente, a elevação dos níveis de colesterol também são deletérias ao organismo, tanto por causar perturbações nas biomembranas como por promover lesões cardiovasculares, dentre outras consequências. De qualquer forma, todas as moléculas e íons necessários à vida humana podem exercer efeitos tóxicos de acordo com sua concentração e com o tempo pelo qual seus níveis permanecem desregulados. Não seria apenas o colesterol o vilão, portanto.

Ainda em relação às biomembranas, os fosfolipídios são os principais componentes em número. São moléculas caracterizadas como anfipáticas, ou seja, que apresentam dupla relação com a água: parte de sua molécula interage positivamente com a água, enquanto a outra é insolúvel neste solvente. Os fosfolipídios apresentam uma cabeça polar, capaz de reagir bem com a água, e uma cauda hidrofóbica, derivada de ácidos graxos. Justamente devido a isto, são os componentes que permitem a existência de uma biomembrana lipídica em sistema comandado pela água. A organização das biomembranas depende, basicamente, deste aparente paradoxo molecular evidenciado nos fosfolipídios. Enquanto a cabeça polar se mostra para a água, a cauda hidrofóbica de um fosfolipídio interage com a do vizinho, gerando uma coesão que nem a água desfaz. Assim, as membranas não se solubilizam em água, mantendo sua integridade e a da célula, por consequência. Há fosfolipídios envolvidos em processos de sinalização celular, ou seja de comunicação, necessário à transdução de sinais oriundos do meio. Um exemplo é o fosfatidilinositol-3,4-bisfofato (PIP_2) que, ao sofrer reação mediada pela enzima fosfolipase C, gera inositol-trifosfato (IP_3) e diacilglicerol (DAG). O IP3 é solúvel no citoplasma, e migra até o retículo endoplasmático, promovendo a liberação de íons cálcio a partir desta organela. O DAG, por sua vez, estimula a enzima proteína cinase C (PKC). Este mecanismo está envolvido no sinal disparado pela adrenalina no fígado durante momentos de hipoglicemia e/ou de estresse, atividade física ou euforia e regula a glicogenólise. Assim, glicogênio é quebrado e glicose é gerada para manter a glicemia naquelas condições catabólicas.

Há mais motivos para amar os lipídios que para odiá-los!

Então, vimos que lipídios não são moléculas apenas perigosas para o organismo. São necessárias à manutenção da integridade de nossas células e, portanto, de nossa saúde. Distúrbios no metabolismo de lipídios podem ser, sim, graves, mas há inúmeras formas de tratamento, atualmente. Algumas dependem do uso de fármacos, e outras podem envolver estratégias relacionadas a modificações de hábitos, como dieta e prática de exercícios. De qualquer forma, apenas profissionais da área da saúde podem recomendar qual estratégia é a melhor em cada situação, lembrando que cada corpo apresenta características únicas e lida com as alterações indicadas de forma exclusiva. Dietas praticadas por uma pessoa podem não ser nem saudáveis nem úteis à outra. O mesmo serve para a prática de atividades físicas.

Referências

DEVLIN TM. *Manual de Bioquímica com Correlações Clínicas*. 7. ed. Blucher, 2011.

LIEBERMAN M, PEET A. *Marks' Basic Medical Biochemistry: A Clinical Approach*. 5. ed. LWW, 2017.

TYMOCZKO JL, BERG JM, STRYER L. *Bioquímica Fundamental*. 1. ed. Guanabara Koogan, 2011.

CAPÍTULO 20

POR QUE É TÃO DIFÍCIL SE LIVRAR DO "COLESTEROL ALTO"?

É cada vez mais comum encontrarmos relatos de pessoas que tiveram constatada, via exame de sangue, a hipercolesterolemia, ou seja, a elevação nos níveis de colesterol circulante. Neste caso, são recomendadas alterações na dieta e a prática de atividades físicas. Em relação à dieta, a diminuição na ingestão de gordura de origem animal é a recomendação mais comum, já que colesterol é um lipídio encontrado apenas em células animais. E a prática de exercício físico tem apenas um efeito indireto na diminuição dos níveis de colesterol, já que esta molécula não é um combustível para nenhuma de nossas células. Por isso, é bastante complicado reverter a hipercolesterolemia. Principalmente, se esta for do tipo familiar, ou seja, herdada.

Como o colesterol não serve como substrato energético para nenhuma célula humana, diminuir seus níveis envolve estratégias que incluem, invariavelmente, a diminuição em sua ingestão. O colesterol presente no alimento de origem animal pode ser absorvido e, a partir do intestino, é entregue a diversos tipos celulares, incluindo os hepatócitos, as células do fígado. Aqui, o colesterol será processado e voltará à circulação via ligação com a VLDL. Além desse caminho, o colesterol pode ser produzido, majoritariamente no fígado, a partir de átomos da glicose e de outros carboidratos, como frutose e galactose. Assim, a outra recomendação dietética é a de reduzir a ingestão de carboidratos, pois alguns destes são matéria-prima para a síntese de lipídios em geral, incluindo o colesterol.

Não se esqueça:

Colesterol não é combustível para células humanas...

A prática de exercício físico, como mencionado acima, é apenas indiretamente eficaz na reversão da hipercolesterolemia. Isto porque, ao longo do tempo, a adaptação ao exercício físico envolve aumento na síntese de proteínas e de organelas nas fibras musculares. E estes processos consomem bastante ATP, cuja principal fonte é a oxidação de ácidos graxos e de alfa-cetoácidos nos músculos na maior parte do tempo. Além disso, mais glicose é armazenada nos músculos na forma de glicogênio, e menos deste carboidrato fica disponível, no estado alimentado, para a síntese de colesterol (e, mais uma vez, de outros lipídios, como os ácidos graxos e os triglicerídeos). Os músculos em adaptação captam mais glicose, no estado alimentado, e fabricam o glicogênio que será usado como fonte de energia durante as contrações. Isto irá variar, naturalmente, de acordo com o tipo de exercício físico que vem sendo praticado. De qualquer forma, em todos os tipos de exercício, temos alguma importância para o glicogênio.

Além de não ser combustível para nenhum tipo celular humano, não sendo consumido, portanto, por mera demanda energética (ou seja, necessidade por ATP), o colesterol é pouco excretado do organismo. Isto ocorre apenas com a formação de sais biliares, cuja síntese ocorre no fígado, de onde seguem para a vesícula biliar para fins de armazenamento. De lá, são secretados no intestino e auxiliam na digestão de gorduras. A partir da luz (ou lúmen) do intestino, apenas 4 – 5 % dos sais biliares são excretados nas fezes. Os demais voltam para o fígado

Então, seu consumo não é aumentado pela prática de exercícios físicos nem pelo jejum!

e podem ser usados em novo processo de digestão. Assim, o altamente eficiente recicle de sais biliares diminui o consumo de colesterol em sua síntese, e por mais tempo o colesterol permanece no organismo.

Em casos mais graves, como ocorre na hipercolesterolemia familiar, e dependendo de outros fatores (como outras alterações metabólicas em andamento e idade), é recomendado tratamento com inibidores da síntese de colesterol. Assim, o organismo irá produzir menos deste lipídio, o que auxilia, em conjunto das alterações na dieta e em outros hábitos, a reverter a elevação da concentração de colesterol circulante. Sabe-se que este lipídio, quando em excesso no organismo, não é favorecedor apenas de desordens cardiovasculares, mas também de neurodegeneração (como as doenças de Alzheimer e de Parkinson). Assim, realize consultas médicas periódicas a fim de avaliar seu metabolismo, prevenindo-se de doenças graves que ainda permanecem sem cura.

Referências

DEVLIN TM. *Manual de Bioquímica com Correlações Clínicas*. 7. ed. Blucher, 2011.

LIEBERMAN M, PEET A. *Marks' Basic Medical Biochemistry: A Clinical Approach*. 5. ed. LWW, 2017.

TYMOCZKO JL, BERG JM, STRYER L. *Bioquímica Fundamental*. 1. ed. Guanabara Koogan, 2011.

CAPÍTULO 21

TRIGLICERÍDEOS NÃO SÃO TRANSFORMADOS EM COLESTEROL – NEM VICE-VERSA

É falsa a afirmativa de que triglicerídeos são transformados em colesterol. Não existe maquinaria enzimática capaz de realizar este feito nem direta nem indiretamente em nenhuma de nossas células. Nem mesmo o fígado, órgão tão fantástico na manutenção de nosso metabolismo, é capaz de realizar este feito. O fígado, por outro lado, consegue produzir tanto o colesterol (e seus ésteres) quanto os ácidos graxos que irão compor os triglicerídeos. Na verdade, carboidratos, como a glicose e a frutose, são as matérias-primas para a síntese de lipídios, assim como estes podem ser obtidos, diretamente, da dieta.

Lembre-se:
É impossível transformar triglicerídeos em colesterol no organismo humano!

A síntese de lipídios a partir da glicose ou da frutose ocorre, majoritariamente, no estado alimentado, desde que na presença de hiperglicemia e de hiperinsulinemia. Assim, a insulina estimula a produção de lipídios, incluindo triglicerídeos e colesterol, a partir de átomos derivados daqueles carboidratos. Este é um processo complexo e responde por muitos dos lipídios presentes em nosso organismo, não apenas ácidos graxos, triglicerídeos e colesterol. Não há qualquer transformação de triglicerídeo em colesterol nesse momento, nem em qualquer outro.

Durante o estado de jejum, ou qualquer estado catabólico, triglicerídeos são mobilizados, a partir do tecido adiposo, onde ficam armazenados após sua síntese hepática, e geram ácidos graxos e glicerol por meio de enzimas da lipólise. Os ácidos graxos, então, são transportados para diferentes destinos via ligação com a albumina. Quando consumidos como combustível, geram acetil-coenzima A, que logo é oxidado no ciclo de Krebs. No fígado, dependendo da duração do jejum, parte dos acetil-coenzima A são usados na síntese de corpos cetônicos. Embora seja um processo de síntese, não é considerado como anabolismo. Nem é estimulado por insulina. Pelo contrário, é promovido pelo glucagon, o hormônio maestro do jejum. E, em nenhum momento, os corpos cetônicos podem ser usados na síntese de colesterol.

Não existe enzima, complexo enzimático ou via metabólica que converta triglicerídeos em colesterol!

Nesse momento, deve ter ficado claro que a síntese de lipídios ocorre no estado alimentado, enquanto sua mobilização ocorre em estados catabólicos, como o jejum. Para que triglicerídeos fossem transformados em colesterol, estes deveriam ser quebrados, gerando ácidos graxos que, ao serem oxidados, originariam acetil-coenzima A, também envolvido na síntese de colesterol. No entanto, há muitos fatores que mostram que isto não é possível. O primeiro envolve os momentos metabólicos nos quais síntese e degradação ocorrem. O segundo diz respeito ao compartimento celular no qual a síntese de lipídios se desenvolve: o citoplasma. A degradação (ou oxidação) de lipídios, principalmente de ácidos graxos, se dá nas mitocôndrias (e nos peroxissomos, dependendo do contexto). E não há liberação de moléculas oriundas desta oxidação, a partir das mitocôndrias, para o citoplasma. Ou seja, nem é possível alegar que parte, pelo menos, dos produtos obtidos na oxidação de ácidos graxos possa ter sido usada na síntese de colesterol.

Infelizmente, a afirmativa de que um lipídio é transformado no outro se tornou um mantra mentiroso, que pode confundir pacientes e gerar problemas, já que muitos destes se baseiam nesta mentira para desenhar estratégias para lidar com a hipercolesterolemia. Sempre é recomendado, não interessa a qual profissional que, caso não domine um assunto, não comente sobre o mesmo. Estude antes para evitar responsabilização legal, inclusive, por aquilo que disse, já que pode impactar na saúde de alguém.

Referências

DEVLIN TM. *Manual de Bioquímica com Correlações Clínicas*. 7. ed. Blucher, 2011.

LIEBERMAN M, PEET A. *Marks' Basic Medical Biochemistry: A Clinical Approach*. 5. ed. LWW, 2017.

TYMOCZKO JL, BERG JM, STRYER L. *Bioquímica Fundamental*. 1. ed. Guanabara Koogan, 2011.

CAPÍTULO 22

"BOM COLESTEROL" E "MAU COLESTEROL"? NÃO É BEM ISSO...

Existe apenas uma molécula de colesterol, e ela nem é boa nem ruim, mas fundamental a nossa existência. O que ocorre, por outro lado, é a presença de lipoproteínas diferentes que lidam com o colesterol de formas diversas de acordo com o contexto. A partir do intestino, os lipídios obtidos da dieta são transportados, na circulação, ligados nos quilomícrons. Estas lipoproteínas, conforme já vimos anteriormente, permitem a distribuição daquelas moléculas insolúveis em água para diversos tecidos. Ao captar lipídios, o fígado usa parte destes e exporta o restante junto daqueles que produziu a partir dos carboidratos, como glicose e frutose. Os lipídios, então, são ligados às VLDL e são exportados do fígado.

Estas lipoproteínas são ricas em triglicerídeos, mas também contêm colesterol e seus ésteres, além de fosfolipídios. Na circulação, a VLDL nascente interage com HDL (o chamado "colesterol bom"), da qual recebe apolipoproteínas conhecidas como $apoC_{II}$ e apoE. Estas moléculas, agora nas VLDL, promovem o uso dos componentes lipídicos contidos nas VLDL por fibras musculares (incluindo fibras cardíacas) e adipócitos (no tecido adiposo), inicialmente. A $apoC_{II}$ estimula a enzima chamada lipase lipoproteica, presente naqueles tipos celulares, a clivar os triglicerídeos do VLDL, liberando ácidos graxos e glicerol. Os ácidos graxos são captados pelas fibras musculares e pelos adipócitos e são consumidos de formas diferentes em cada tecido: nos músculos, são oxidados e geram ATP (energia). No tecido

LDL e HDL não são moléculas diferentes de colesterol: são lipoproteínas de transporte deste lipídio na circulação!

adiposo, são usados na formação de novos triglicerídeos, que ficam armazenados até o início do jejum. A lipase lipoproteica é estimulada por insulina. Então, estes eventos ocorrem de forma mais significativa no estado alimentado de dieta contendo carboidratos. O glicerol oriundo da reação da lipase lipoproteica segue livre na circulação, já que nem os músculos nem o tecido adiposo conseguem utilizá-lo de uma forma ou de outra.

O consumo de triglicerídeos, a partir dos VLDL, faz com que esta molécula seja modificada quanto ao conteúdo e à densidade. Assim, passa a se chamar remanescente de VLDL. Este segue circulando e tendo seus triglicerídeos restantes consumidos. Uma parte destes é captada pelo fígado por meio de ligação de apoE aos receptores hepáticos. O fígado, nesse momento, pode utilizar ácidos graxos oriundos de remanescentes de VLDL para consumo próprio, ou seja, para fins energéticos. Isto ajuda, inclusive, a diminuir o consumo de glicose, mesmo no estado alimentado hiperglicêmico e hiperinsulinêmico, gerando economia de glicose intra-hepática, destinando este carboidrato à síntese de glicogênio.

A outra parte de remanescentes de VLDL (que não foi captada pelo fígado, portanto), segue circulando e tendo seus triglicerídeos consumidos e, por isso, mudará de densidade e de nome: são as IDL (lipoproteínas de densidade intermediária). Ao passarem pelo fígado, são convertidas em LDL (lipoproteína de baixa densidade) por meio da reação mediada pela enzima lipase triglicerídica hepática. As LDL são ricas em colesterol, pois representam o que sobrou das VLDL após os triglicerídeos destes terem sido consumidos por tipos celulares diversos.

Então, até aqui, o caminho foi este: VLDL → IDL → LDL, sendo que cada seta representa a remoção de triglicerídeos a partir da lipoproteína anterior. Neste contexto, percebe-se um papel importante do HDL: transferir moléculas, ao VLDL, que permitam seu uso por células variadas, fazendo com que o nível de lipídios, principalmente, de triglicerídeos, seja reduzido por meio da remoção destes da circulação. Outro aspecto importante: as LDL contêm colesterol e seus ésteres e são fruto das VLDL exportadas pelo fígado (único órgão que consegue sintetizar VLDL, na verdade). E qual a importância disto? Bom, os lipídios originalmente contidos nas VLDL ou vieram da dieta ou foram sintetizados a partir de carboidratos no fígado. E é por isto, também (e como já vimos em capítulo anterior), que se deve diminuir a ingestão de carboidratos quando os níveis de lipídios circulantes aparecem alterados em exames de rotina.

O papel do HDL não se resume apenas a transferir $apoC_{II}$ e apoE ao VLDL, embora isto seja fundamental ao processo de consumo de seus lipídios. HDL também é capaz de captar colesterol de células do endotélio e de transferir este lipídio ao fígado. Este é o transporte reverso de colesterol. E isto diminui a chance de aterosclerose. Aumentar a quantidade de HDL seria benéfico ao organismo por mais de um motivo, então.

E por que o LDL é o "mau colesterol"? Porque, ao sofrer lesões moleculares (como oxidação, glicação, nitração, dentre outras), acumula-se na circulação, é captado, de forma desenfreada, por células do sistema imune que aumentam de tamanho e passam a ser mais reativas, promovendo processos de inflamação nos vasos sanguíneos. As lesões repetitivas podem levar à morte de vários tipos celulares locais e o acúmulo de células mortas, dentre outras moléculas que acabam sendo liberadas no processo, passam a bloquear a passagem de sangue pelo vaso afetado. Isto pode ser fatal, dependendo da área afetada. Há liberação de íons cálcio, durante a morte de múltiplas células, e a cristalização parcial da lesão, o que a enrijece. Assim, é praticamente impossível desfazer, de forma natural, a placa formada no vaso. O LDL, que não é sinônimo de colesterol, é mais uma vítima da situação do que um vilão. As lesões sofridas por esta lipoproteína levarão às reações sintetizadas acima. E estas lesões podem ser facilitadas por hábitos próprios da pessoa, como fumar, ingerir bebidas alcoólicas, não praticar atividades físicas, dentre outros (como o uso de drogas ilícitas). Fumar eleva a concentração de inúmeros toxicantes no organismo. Alguns destes promovem estresse redox, ou seja, estresse oxidativo e/ou nitrosativo, dependendo da espécie reativa formada e dos danos causados. E este desequilíbrio redox é facilitador de lesões na LDL. Caso o hábito de fumar seja combinado com a ingestão excessiva de gorduras e/ou de carboidratos, maior ainda a chance de gerar LDL (pelo processo descrito acima) e de danificá-lo.

A glicação de LDL, por outro lado, é comumente observada em situações nas quais estados hiperglicêmicos sejam estabelecidos de forma mais frequente e/ou duradoura. Por exemplo, aumento na concentração de glicose circulante (ou seja, estado hiperglicêmico) é comum após ingestão de dieta contendo carboidratos, mesmo em pessoas saudáveis. Se estes momentos forem demasiadamente repetidos, haverá maior chance, dentre outras consequências, de formar mais lipídios, a partir do excesso de carboidratos, no fígado e, consequentemente, de gerar VLDL. Esta, ao ser metabolizada, será convertida em LDL que, em ambiente rico de glicose, poderá ser glicada e, portanto, lesionada, podendo, com sua estrutura alterada, promover o processo de lesão de vasos sanguíneos. O mesmo serve para pacientes com resistência à insulina ou diabetes de qualquer tipo, pois os estados de hiperglicemia serão mais comuns e mais duradouros. Isto eleva, em muito, a chance de ocorrer glicação de LDL. Além disso, sendo a glicose uma molécula reativa, distúrbios redox podem ser observados, nesta condição, devido à capacidade de este carboidrato sofrer autoxidação, reação que gera espécies reativas que promovem estresse oxidativo. O distúrbio redox pode, também, afetar a LDL, causando sua oxidação e/ou nitração. Então, momentos de hiperglicemia devem ser regulados para evitar a permanência excessiva de glicose na circulação. E este é um importante papel da insulina. Assim, qualquer distúrbio neste hormônio leva a uma constelação de consequências moleculares, celulares e funcionais de gravidades variadas. Não é à toa que o número de pacientes com doenças cardiovasculares é bastante elevado entre a população de pessoas sofrendo de distúrbios relacionados à insulina (isto inclui a síndrome metabólica quando esta envolve resistência à insulina).

Então, HDL e LDL não são sinônimo de colesterol. São lipoproteínas responsáveis pelo transporte de colesterol na circulação. A HDL, por meio de, pelo menos, duas ações importantes, promove a diminuição na quantidade de lipídios circulantes. A LDL, por outro lado, apenas é nociva ao organismo quando danificada. O colesterol, por outro lado, é extremamente perigoso às células humanas quando sua concentração se eleva. Há estudos mostrando que não apenas doenças cardiovasculares são promovidas por este lipídio, mas também desordens neurodegenerativas. Assim, exames periódicos são recomendados a fim de sanar possíveis alterações antes de estas se tornarem algo irreversível.

Referências

DEVLIN TM. *Manual de Bioquímica com Correlações Clínicas*. 7. ed. Blucher, 2011.

LIEBERMAN M, PEET A. *Marks' Basic Medical Biochemistry: A Clinical Approach*. 5. ed. LWW, 2017.

TYMOCZKO JL, BERG JM, STRYER L. *Bioquímica Fundamental*. 1. ed. Guanabara Koogan, 2011.

CAPÍTULO 23

O QUE PODE INDICAR O HÁLITO CETÓTICO?

O hálito cetótico recebe esta denominação devido à presença de acetona. A produção desta molécula é aumentada em algumas situações catabólicas tanto fisiológicas como relacionadas a distúrbios hormonais. Em situações normais, como no jejum, eleva-se a concentração de glucagon na circulação. Como já analisado previamente, este hormônio é secretado, a partir das células alfa-pancreáticas, como resposta à normo ou hipoglicemia. O glucagon estimula, dentre outros efeitos, a lipólise no tecido adiposo, consequentemente, levando à liberação de ácidos graxos e de glicerol na circulação. Os ácidos graxos são transportados via associação com a albumina. Dentre os tecidos que captam e oxidam ácidos graxos, o fígado merece destaque em estados catabólicos, já que depende disto tanto para fins próprios (produção de ATP) como para a cetogênese, dentre outros fins. Ao serem oxidados, os ácidos graxos geram acetil-coenzima A que, além do destino energético, é usado na produção dos corpos cetônicos acetoacetato e beta-hidroxibutirato. Estas moléculas são extremamente úteis ao sistema nervoso central em estados catabólicos, como no jejum. No entanto, o acetoacetato origina, tanto de forma espontânea como por meio de reação mediada por enzima, a acetona que, por ser volátil, é expirada.

A formação fisiológica de acetona ocorre em jejum de cerca de seis a oito horas, podendo ser percebida no hálito ao despertar. Como o período de sono leva à normoglicemia, o glucagon é liberado e

Procure orientação médica quando apresentar hálito cetótico!

colabora na manutenção da glicemia enquanto não nos alimentamos. O mesmo ocorre quando em estado acordado, naturalmente. No entanto, a hiperprodução de corpos cetônicos é observada em situações nas quais a insulina tem seu poder diminuído. Na resistência à insulina, observa-se falha na sinalização responsiva a este hormônio (Fig. 23.1). Assim, a insulina está presente, mas não age como deveria em cada célula-alvo. Desta forma, o estado catabólico não é revertido, e a pessoa segue realizando a síntese de corpos cetônicos da forma como foi descrita aqui. É similar a um estado de jejum, mesmo que uma refeição contendo carboidrato tenha sido ingerida. No diabetes *mellitus* tipo I, o pâncreas não produz insulina. Assim, a administração deste hormônio é obrigatória. Caso não seja aplicada a dose, ou esta esteja incorreta, o organismo seguirá considerando o momento como de catabolismo, ou seja, de mobilização de reservas. O glucagon segue com poder máximo e a cetogênese prossegue.

Assim, quando o hálito cetótico é detectado e sua permanência se prolonga, é recomendado buscar orientação médica, solicitando exames relacionados ao metabolismo de glicose e ao comportamento do pâncreas em cada contexto metabólico (principalmente, jejum e estado alimentado). Além disso, tumores em células alfa-pancreáticas levam a um aumento na secreção de glucagon mesmo quando os níveis de insulina, bem como a sinalização desencadeada, são ótimos. Neste contexto, o sinal de glucagon prepondera e vias metabólicas

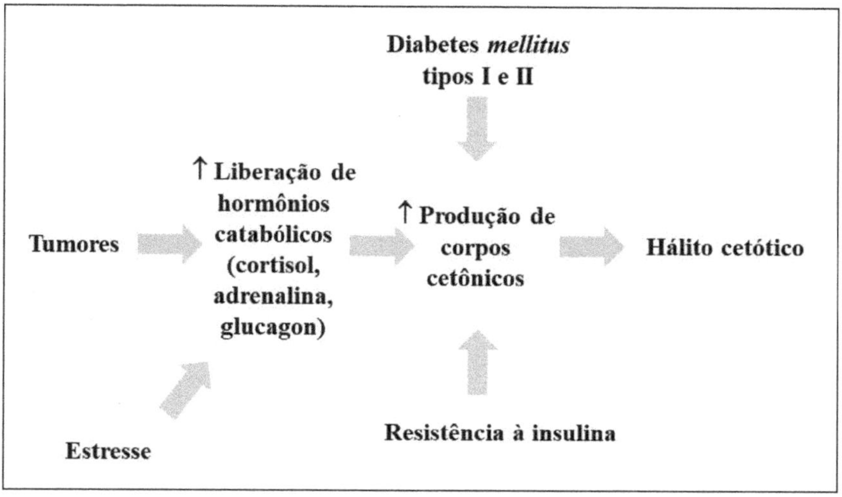

Figura 23.1. *Alterações metabólicas que podem originar o hálito cetótico. Adaptado de "O Incrível Universo do Metabolismo Humano", deste autor.*

relacionadas ao catabolismo seguem estimuladas. A hiperprodução de corpos cetônicos também pode ser deletéria ao organismo via formação de metilglioxal, derivado também de outras vias metabólicas. Esta molécula causa inúmeros efeitos nocivos às células, como colapso bioenergético (queda acentuada na produção de ATP), distúrbios redox (estresse oxidativo), inflamação e morte celular. Felizmente, por um lado, o surgimento de acetona é facilmente detectado, favorecendo a tomada de decisão para examinar os motivos e planejar a melhor estratégia para sua normalização e do metabolismo como um todo.

Referências

DEVLIN TM. *Manual de Bioquímica com Correlações Clínicas*. 7. ed. Blucher, 2011.

LIEBERMAN M, PEET A. *Marks' Basic Medical Biochemistry: A Clinical Approach*. 5. ed. LWW, 2017.

TYMOCZKO JL, BERG JM, STRYER L. *Bioquímica Fundamental*. 1. ed. Guanabara Koogan, 2011.

CAPÍTULO 24

AMINOÁCIDOS SÃO MUITO MAIS QUE BLOCOS PARA CONSTRUÇÃO DE PROTEÍNAS

Aminoácidos são moléculas bastante versáteis, dado o grande número de funções que realizam no organismo humano (Fig. 24.1). Quimicamente, caracterizam-se pela presença dos grupos químicos ácido carboxílico e amina. Alguns são essenciais, como a leucina, a isoleucina, a valina e a fenilalanina, dentre outros. São assim denominados porque não podemos produzi-los no organismo, devendo obter os mesmos da dieta, portanto. Os aminoácidos alanina, glutamina, glutamato, asparagina e aspartato, por exemplo, são não essenciais, pois podem ser produzidos de moléculas pré-existentes no organismo. A função mais conhecida dos aminoácidos é aquela de compor as proteínas. São as unidades fundamentais das proteínas. Assim, é necessário ingerir aminoácidos para manter a síntese de proteínas em níveis seguros para o bom funcionamento celular.

No entanto, os aminoácidos, quando em sua forma livre, ou seja, quando não formando proteínas, podem exercer outras funções. São excelentes agentes tampões, participando na manutenção do pH dentro e fora das células. Isto é possível graças à presença dos grupos químicos ácido carboxílico e amina, que podem doar e receber prótons (H^+) de acordo com a quantidade destes no meio. Na acidose metabólica, por exemplo, há queda no pH do sangue. Isto significa que a concentração de prótons se elevou nesta solução biológica. Caso permaneçam no meio por mais tempo, poderão causar a desnaturação de proteínas, que deixam de funcionar adequadamente,

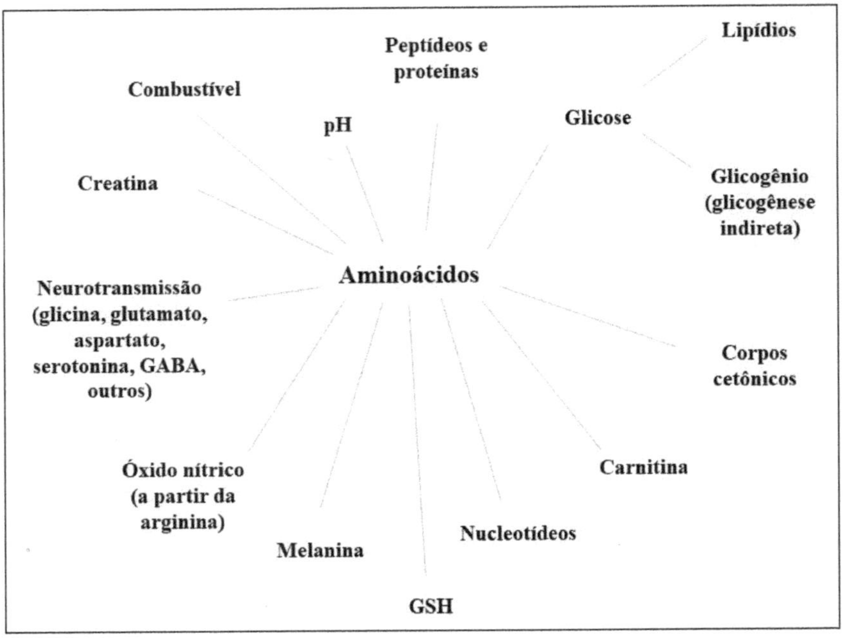

Figura 24.1. *Um resumo de como o organismo pode utilizar aminoácidos. Adaptado de "O Incrível Universo do Metabolismo Humano", deste autor.*

comprometendo a existência das células. Os aminoácidos livres na circulação podem, então, captar parte destes prótons, removendo-os do meio e diminuindo seu efeito sobre o pH. O contrário também é possível: em caso de aumento no pH, aminoácidos livres podem doar prótons para o meio, evitando a alcalose, portanto. Os aminoácidos formadores de proteínas apresentam capacidade limitada de atuar como tampões, mas ainda é possível que colaborem com a manutenção do pH. Na circulação, os aminoácidos presentes em maiores concentrações são a glutamina e a alanina. Isto pode variar de acordo com o contexto metabólico.

Quando em sua forma livre, aminoácidos também servem como fonte de átomos para a síntese de glicose e/ou de corpos cetônicos. Há aminoácidos, como a alanina, que rendem apenas glicose quando utilizados na via chamada de gliconeogênese. Por outro lado, leucina e lisina são aminoácidos estritamente cetogênicos, rendendo apenas corpos cetônicos, então, quando degradados. Há aminoácidos que doam átomos tanto para a síntese de glicose como para a de corpos cetônicos, como é o caso da isoleucina e da fenilalanina. A transformação de aminoácidos em glicose e/ou em corpos cetônicos se dá no fígado em estados de catabolismo (jejum, prática de atividades físicas prolongadas, após ingestão de dietas pobres em carboidratos, outros). Os rins podem converter determinados aminoácidos em glicose também em estados de catabolismo aumentado.

Além de serem substrato para a síntese dos combustíveis glicose e corpos cetônicos, os aminoácidos são, também, consumidos para suprir a demanda energética de muitos tipos celulares. Após perderem seu (s) grupo (s) nitrogenado, originam os alfa-cetoácidos, cujo esqueleto pode ser usado no ciclo de Krebs sempre que acetil-coenzima A é gerado pela oxidação, por exemplo, de ácidos graxos. De fato, durante estados catabólicos variados, o fígado consome ácidos graxos (fonte de acetil-coenzima A) e aminoácidos (fonte de alfa-cetoácidos) como principais combustíveis. É consumindo estas moléculas que o fígado produz ATP e GTP para manter a gliconeogênese, a gliceroneogênese e o ciclo da ureia, bem como outros processos dependentes de energia (como a expressão gênica e a manutenção da osmolaridade, dentre outros) durante situações como o jejum. Os rins, o coração e os músculos em geral também consomem ácidos graxos e alfa-cetoácidos derivados de aminoácidos durante o jejum. Assim, estes órgãos não dependem de glicose durante o jejum, gerando uma economia de glicose necessária ao equilíbrio energético de outros tipos celulares, como hemácias e neurônios e células localizadas na epiderme e nas cartilagens, dentre outros tecidos, conforme discutido previamente. Então, sempre que ácidos graxos são utilizados como combustível por um dado tipo celular, necessita-se do consumo, simultâneo, de alfa-cetoácidos derivados de aminoácidos, que se complementam para manter a produção de ATP.

Moléculas acessórias no metabolismo, como creatina e carnitina, também são produzidas a partir de aminoácidos. A creatina é sintetizada a partir de arginina e de glicina. A formação de creatina-fosfato, nos músculos e nos neurônios, é vista como importante reserva de grupo fosfato de alta energia, já que a molécula de ATP não é estável o bastante para ser armazenada como está. A enzima creatina cinase (ou fosfocreatina cinase) transfere o grupo fosfato da creatina-fosfato para o ADP, gerando ATP, que é imediatamente utilizado. A creatina--fosfato é instável e logo gera a creatinina, se não utilizada, sendo excretada na urina. A carnitina é produzida a partir de resíduos de trimetil-lisina obtidos da degradação de proteínas. Serve como um acessório molecular que permite a oxidação de ácidos graxos de cadeias longa e muito longa após sua ativação. Diminuição na oferta de carnitina afeta, portanto, a oxidação destas moléculas. O organismo, felizmente, as produz de forma considerável e ajustável de acordo com a demanda, como observado em quem pratica exercícios físicos. Portanto, a ingestão de suplementos de creatina e/ou de carnitina nem sempre se faz necessária.

A arginina, quando sofre reação mediada pela enzima óxido nítrico sintase, gera óxido nítrico ($NO^{\bullet}$), potente agente vasodilatador e neurotransmissor, dentre outras funções. Esta seria uma função de sinalização celular, portanto. Este gás também atua na defesa do organismo, sendo parte da maquinaria química de ataque a microrganismos.

A tirosina, um aminoácido derivado da fenilalanina, pode ser convertida em melanina (nos melanócitos) e nas catecolaminas dopamina e norepinefrina em neurônios e na medula da adrenal, a qual também pode gerar epinefrina (adrenalina) a partir daquele aminoácido. O triptofano serve tanto à síntese do grupamento nicotinamida de $NADP^+$ (molécula oxidada que recebe elétrons de fontes diversas, servindo como poder redutor para vias de síntese de lipídios, no metabolismo de xenobióticos e no recicle de glutationa, dentre outras funções) como à produção de serotonina e de melatonina. O aminoácido histidina é substrato para a síntese de histamina, importante mediador inflamatório e neurotransmissor. Parte das moléculas citadas, como as catecolaminas e a serotonina, são neurotransmissores, ou seja, moléculas usadas na comunicação neuronal. A melatonina, por outro lado, é um hormônio envolvido, principalmente, na regulação de nosso ciclo circadiano.

A síntese de nucleotídeos, grupo de moléculas que inclui os componentes dos ácidos nucleicos (DNA e RNA), também depende de aminoácidos. Glutamina, glicina e aspartato são os aminoácidos que doam átomos para a síntese de nucleotídeos púricos e pirimidínicos. Estas moléculas, dependendo do contexto, são utilizadas na construção do DNA e do RNA, responsáveis pela manutenção da informação genética nos seres vivos em geral. A demanda por aminoácidos é alta, por exemplo, durante a gestação e a fase de crescimento de humanos, já que a produção de peptídeos, proteínas, nucleotídeos e ácidos nucleicos, dentre outras moléculas, é veloz para atender à multiplicação celular necessária à construção dos tecidos, dos órgãos e dos sistemas que tornarão o organismo viável.

Os aminoácidos glutamato, cisteína e glicina formam a glutationa (GSH), um tripeptídeo que é considerado a mais importante defesa antioxidante não-enzimática em células humanas. A GSH é utilizada pela enzima glutationa peroxidase na conversão de peróxido de hidrogênio (H_2O_2) em água. Este peróxido não é um radical livre, mas pode gerar este tipo de agente nocivo quando passa por reações dependentes de ferro ou de cobre. Além do papel antioxidante, a GSH é utilizada em reações de fase II de desintoxicação (ou biotransformação) de xenobióticos, que são moléculas estranhas ao organismo, como fármacos, poluentes, aditivos alimentares, dentre outros. Xenobióticos são tidos como moléculas estranhas às células porque não são produzidos pelo organismo. Podem ou não exercer efeitos nocivos. Isto dependerá de sua concentração e do tempo de permanência no meio, dentre outros fatores. Neste contexto, a GSH é necessária para que as células eliminem mais rapidamente a molécula potencialmente tóxica.

Assim, aminoácidos apresentam funções diversas, participando de diferentes cenários de acordo com o sinal hormonal e/ou às necessidades celulares. Por isso, deficiência em aminoácidos pode ser bastante prejudicial ao organismo como um todo, principalmente, durante as fases de gestação e de crescimento.

Referências

DEVLIN TM. *Manual de Bioquímica com Correlações Clínicas*. 7. ed. Blucher, 2011.

LIEBERMAN M, PEET A. *Marks' Basic Medical Biochemistry: A Clinical Approach*. 5. ed. LWW, 2017.

TYMOCZKO JL, BERG JM, STRYER L. *Bioquímica Fundamental*. 1. ed. Guanabara Koogan, 2011.

CAPÍTULO 25

ENGANARAM VOCÊ: LIPÍDIOS NÃO SÃO TRANSFORMADOSEM PROTEÍNAS NO CORPO HUMANO

Não há enzima ou via metabólica que consiga, no organismo humano, transformar lipídios em proteínas. O aumento na mobilização de ácidos graxos, a partir do tecido adiposo por ação da lipólise (aquela via que quebra triglicerídeos, gerando glicerol e ácidos graxos), observado durante e após a prática de atividades físicas, não serve como matéria-prima para que músculos construam proteínas. Na verdade, os ácidos graxos captados pelos músculos são consumidos em uma via chamada de beta-oxidação. Nesta via, os ácidos graxos geram acetil-coenzima A (além de NADH + H^+ e $FADH_2$). NADH e $FADH_2$ são moléculas portadoras de elétrons para o sistema da fosforilação oxidativa mitocondrial consumir e gerar ATP (conforme visto no início do livro em capítulos apropriados). O acetil-coenzima A, por sua vez, é utilizado no ciclo de Krebs e seus dois carbonos podem ser removidos, gerando, em duas reações diferentes, gás carbônico (CO_2), que é expirado. O que isto significa? Que a molécula oriunda da oxidação dos ácidos graxos, ou seja, que parte daqueles lipídios, foi expirada como este gás, não podendo fazer parte de nenhuma outra molécula em nosso organismo. Ainda, mesmo que não fosse este o destino dos carbonos de ácidos graxos, não há via metabólica que use acetil-coenzima A na construção de aminoácidos e/ou de proteínas em células humanas.

ATP e GTP, gerados apenas indiretamente pela oxidação de ácidos graxos, conforme mencionado acima, são, então, quando oportuno,

Não existe enzima, complexo enzimático ou via metabólica que converta lipídios em proteínas!

utilizados também na síntese de proteínas musculares, dentre outros destinos. Assim, durante a prática de uma atividade física anaeróbica, como corrida de cem metros rasos e levantamento de peso, por exemplo, não há consumo de ácidos graxos nas fibras musculares. No entanto, quando os músculos estão relaxados, nos intervalos de treino e após este ter sido concluído (momento de repouso e de recuperação muscular), a circulação volta a ser plena naqueles órgãos, e os ácidos graxos são oxidados completamente para o fim energético.

Na fase de recuperação dos músculos, a composição da dieta e a resposta hormonal, representada, majoritariamente, por insulina, estimulam os músculos a produzir mais proteínas. Isto é parte da resposta local ao estresse gerado pelo treinamento. Quanto mais disciplinado este for, e acompanhado das refeições adequadas para o fim, maior será o ganho de massa muscular. E, para este ganho ocorrer, exige enormes quantidades de energia nas formas de ATP e de GTP, pois o processo de síntese de proteínas é bastante dispendioso. Esta característica da produção e proteínas é conhecida e utilizada como parte da estratégia de emagrecimento acelerado: o treino é intenso, mas a ingestão de alimentos não é proporcional, o que leva à diminuição das reservas também representadas pelos triglicerídeos presentes no tecido adiposo.

Músculos treinados consomem ATP e GTP também para manter a osmolaridade, já que a contração muscular envolve um intenso fluxo de íons [como sódio (Na^+) e potássio (K^+)] através da membrana plasmática das fibras musculares. De fato, o neurotransmissor chamado de acetilcolina, ao interagir com as fibras, estimula a entrada de íons sódio nestas. Este íon, por sua vez, promove a exportação de íons cálcio (Ca^{2+}) a partir do retículo sarcoplasmático para o citoplasma, compartimento celular no qual o cálcio estimula a interação entre as proteínas actina e miosina, mediadoras da contração. O sódio que ingressou na célula não deve permanecer no citoplasma por muito tempo, pois é um osmólito ativo e, portanto, atrai água. Sua exclusão ocorre via ação da enzima Na^+/K^+-ATPase (lê-se "sódio potássio ATP ase"). Como o nome da enzima indica, há consumo de ATP no processo, que envolve a saída de três íons sódio e a entrada de dois íons potássio. Os íons sódio são exportados para o meio extracelular em troca de íons potássio para dentro da célula, em outras palavras. A atividade desta enzima, então, consome quantidades significativas de ATP, e é fundamental para que os músculos restaurem seus níveis iônicos, o que é necessário para que um novo ciclo de contração inicie. A permanência de sódio dentro das fibras levaria à tetania que, de forma simplificada, é uma contração vigorosa e permanente de um membro. Isto "travaria" os músculos envolvidos no movimento. Na verdade, este tipo de fenômeno, ou algo bastante similar, é observado nas câimbras, quando a concentração de íons potássio é menor que a adequada nos músculos.

Outros processos celulares dependerão de muitas moléculas de ATP e de GTP para ocorrerem no contexto da contração muscular, certamente, e também na fase de recuperação dos músculos. Foram mencionados aqui apenas exemplos que podem ser úteis em gerar a percepção de que o fenômeno todo é muito caro, em termos energéticos, ao organismo. Portanto, a importância de ácidos graxos, neste contexto, se limita a servir como fonte de energia para a produção de proteínas, e não como matéria-prima para este fenômeno.

Então, percebe-se que ácidos graxos são, sim, importantes para os músculos (e não apenas na prática de exercício físico, como vimos). No entanto, em contexto diverso daquele visto popularmente.

Além de ácidos graxos, os músculos consomem, simultaneamente, alfa-cetoácidos derivados de aminoácidos para manter o estado energético. Assim, parte dos aminoácidos obtidos da dieta, ou presentes nas próprias fibras musculares, são consumidos para manter a viabilidade das fibras musculares. Por isso, novamente, se ganho de massa muscular é o objetivo, as refeições (e os suplementos, quando pertinente) devem fornecer substratos em quantidade adequada para este fim, superando as perdas musculares observadas em momentos catabólicos (jejum, estresse, inflamação, infecção, outros). No próximo capítulo, analisaremos em mais detalhes a proteólise (quebra de proteínas) observada nos músculos.

Referências

DEVLIN TM. *Manual de Bioquímica com Correlações Clínicas*. 7. ed. Blucher, 2011.

LIEBERMAN M, PEET A. *Marks' Basic Medical Biochemistry: A Clinical Approach*. 5. ed. LWW, 2017.

Tymoczko JL, Berg JM, Stryer L. *Bioquímica Fundamental*. 1. ed. Guanabara Koogan, 2011.

CAPÍTULO 26

A IMPORTÂNCIA DA PROTEÓLISE MUSCULAR EM DIFERENTES CONTEXTOS METABÓLICOS

No capítulo anterior, foi mencionado que, quando ácidos graxos são utilizados como fonte de energia pelos músculos, é necessário que aminoácidos sejam consumidos, servindo como fonte de alfa-cetoácidos para possibilitar a produção de ATP. O acetil-coenzima A obtidos da oxidação de ácidos graxos é uma das moléculas necessárias para que o ciclo de Krebs inicie. A outra molécula se chama oxaloacetato, e precisa que sua formação seja constante, então, para que o acetil-coenzima A possa ser utilizado neste ciclo. Ao se condensarem, geram a molécula conhecida como citrato. Esta, por sua vez, segue no ciclo de Krebs, sendo descarboxilada (ou seja, tendo carbonos removidos de sua estrutura) e oxidada, propiciando a formação de moléculas reduzidas (que contêm elétrons obtidos dos combustíveis), como NADH e $FADH_2$. Estas, vale lembrar, também são produzidas pela beta-oxidação, dentre outras vias metabólicas. São a escolha para lidar com transferência de elétrons de uma via metabólica para a outra, permitindo que isto ocorra de maneira segura, com mínima perda de elétrons.

Dentre as fontes de oxaloacetato, destacam-se a glicose e os aminoácidos. Estes últimos geram oxaloacetato tanto direta quanto indiretamente. Quando o aminoácido aspartato perde seu grupo amina, gera, diretamente, oxaloacetato. O aminoácido glutamato, por outro lado, gera alfa-cetoglutarato após ser desaminado. Alfa-cetoglutarato é um intermediário do ciclo de Krebs e, após sofrer

É fundamental que ocorra proteólise muscular em estados catabólicos, como jejum e durante e após a prática de atividades físicas!

algumas reações nesta via, gera o oxaloacetato. Então, a formação deste, a partir de glutamato, foi indireta, passando pela formação de alfa-cetoglutarato. Sim, é complicado lidar com todos estes nomes e com a logística molecular necessária para o bom funcionamento das fibras musculares, mas vamos a algo mais simples: se não houver transformação de aminoácidos em alfa-cetoácidos, não há como consumir acetil-coenzima A, obtida dos ácidos graxos. Em termos ainda mais diretos: sem haver consumo de aminoácidos musculares, não é possível seguir oxidando ácidos graxos como combustível. Isto serve não apenas para os músculos, na verdade, mas para o fígado, para o coração e para o córtex renal também.

É neste ponto que pode ser questionado: e de onde vêm estes aminoácidos tão importantes para a manutenção do estado energético de tantos órgãos? Quando estamos em jejum, a principal fonte de aminoácidos livres são as proteínas de cada tecido, mas principalmente, do músculo. Então, a fibra muscular quebra proteínas próprias para obter aminoácidos e para fornecê-los aos demais órgãos. Não há estratégia que evite a proteólise (quebra de proteínas) durante estados

A proteólise muscular não é evitada pelo uso de suplementos!

catabólicos, como jejum, prática de atividades físicas, estresse, inflamação, infecção e períodos posteriores à ingestão de dietas pobres em carboidratos. Neste contexto, torna-se importante a reposição de aminoácidos em quantidades e períodos variados de acordo com o objetivo.

No jejum, a mera queda nos níveis de insulina favorece o início da proteólise. Os níveis deste hormônio caem porque não está havendo ingestão de carboidratos, que são o principal estímulo para a secreção de insulina. Os músculos, então, sensíveis a esta alteração, iniciam a quebra de suas proteínas após uma rápida seleção. Alguns dos aminoácidos formados podem ser exportados, diretamente, para a circulação, enquanto outros permanecem nas fibras, sofrem as modificações necessárias para gerar alfa-cetoácidos, e são consumidos no ciclo de Krebs junto do acetil-coenzima A oriundo da beta-oxidação (Fig. 26.1). Os ácidos graxos são obtidos, conforme já mencionado previamente, da lipólise adipocítica estimulada por glucagon no jejum.

É importante salientar que todo este processo, que parece algo arriscado (já que envolve degradação de proteínas, tão necessárias ao funcionamento das células e do organismo como um todo), gera, na verdade, uma valiosa economia de glicose. Nem fígado, nem coração, nem córtex renal, nem músculos em geral consumirão glicose como combustível nesta ocasião, já que ácidos graxos e aminoácidos suprirão

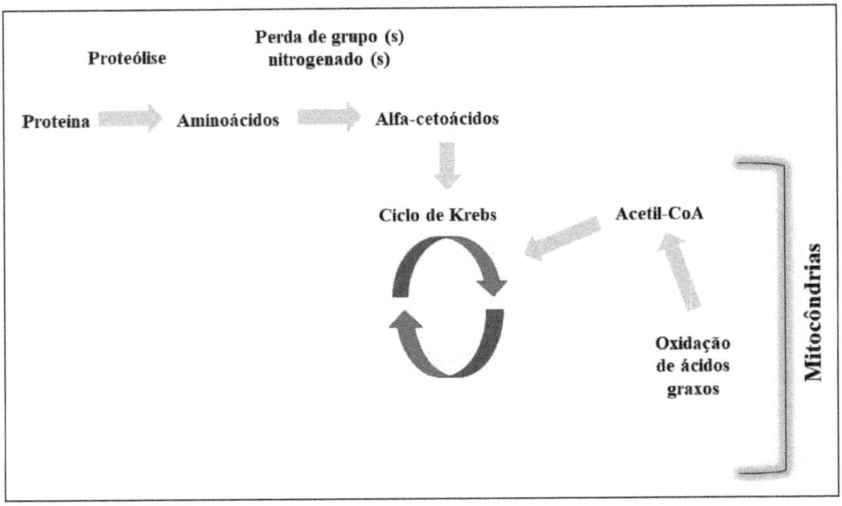

Figura 26.1. *Após a proteólise ocorrer no citoplasma, parte dos aminoácidos originados perde seu (s) grupo (s) nitrogenado (s), formando os alfa-cetoácidos. Estes servirão como combustíveis nas mitocôndrias. Adaptado de "O Incrível Universo do Metabolismo Humano", deste autor.*

a demanda energética destes órgãos com êxito. Inclusive, gerando momentos de plenitude energética, ou seja, de alta produção de ATP. A glicose, que deixa de ser consumida nestes órgãos durante o jejum, serve à manutenção do estado energético de células como hemácias e neurônios e a tecidos como cartilagens e epiderme (na pele), dentre outros. Estes tipos celulares e tecidos são bastante dependentes de glicose por um motivo ou outro, conforme já tratado anteriormente.

Nos músculos e no coração, poderá haver consumo de glicose mesmo durante o jejum, mas por motivos especiais: se for necessário correr de forma explosiva, para fugir ou para alcançar algo, a glicogenólise será acionada e produzirá glicose-6-fosfato para a glicólise daqueles órgãos. Isto porque, em condições que geram anaerobiose, não há como consumir ácidos graxos nem aminoácidos como combustíveis. Então, a glicose fosforilada oriunda do glicogênio armazenado nas fibras musculares e cardíacas, servirá como fonte de ATP.

Então, aminoácidos são valiosos como combustíveis, servindo à manutenção do estado energético geral tanto de forma direta como indireta. São moléculas versáteis, portanto, como vimos no capítulo anterior, e que devem ser ingeridas, independentemente da idade, de forma regular, evitando deficiências de aminoácidos particulares (dentre estes, aqueles caracterizados como essenciais merecem atenção) e daquilo que estes podem originar no organismo humano. O que pode parecer um sacrifício dos músculos ao quebrar proteínas é, na verdade, a salvação de todo o organismo, já que aminoácidos de origem muscular servem, inclusive, como fonte de átomos para a síntese de glicose no fígado. É algo muito maior que apenas servir à manutenção da viabilidade de um tipo celular apenas, portanto.

Referências

DEVLIN TM. *Manual de Bioquímica com Correlações Clínicas*. 7. ed. Blucher, 2011.

LIEBERMAN M, PEET A. *Marks' Basic Medical Biochemistry: A Clinical Approach*. 5. ed. LWW, 2017.

TYMOCZKO JL, BERG JM, STRYER L. *Bioquímica Fundamental*. 1. ed. Guanabara Koogan, 2011.

CAPÍTULO 27

EFEITOS METABÓLICOS DA DIETA HIPERPROTEICA

A dieta hiperproteica caracteriza-se por apresentar elevado conteúdo de proteínas e quantidades ínfimas de carboidratos (e de lipídios, em alguns casos). Após a digestão das proteínas ingeridas, os aminoácidos são captados pelos enterócitos (células do intestino). Estas células consomem parte dos aminoácidos como combustível, gerando alfa-cetoácidos que servirão como substrato no ciclo de Krebs. No entanto, uma porção considerável dos aminoácidos oriundos da dieta alcança a circulação, sendo distribuídos para diversos órgãos que os consomem em variadas demandas (síntese de proteínas, produção de ATP, outros). No pâncreas, os aminoácidos não são estímulo forte o suficiente para induzir secreção de insulina que promova hiperinsulinemia. Por outro lado, são potentes indutores da secreção de glucagon pelas células alfa daquele órgão. E isto é fundamental para entender os efeitos desta dieta no organismo humano. Além disso, sabe-se que aminoácidos podem promover a secreção de hormônio do crescimento, que terá papel de coadjuvante neste contexto.

Para melhor compreensão acerca dos efeitos metabólicos induzidos pela dieta hiperproteica, considere o ciclo jejum-estado alimentado. Alguém que esteja em jejum já apresenta, naturalmente, menores níveis circulantes de insulina, já que não há glicose circulante em níveis suficientes para estimular a secreção daquele hormônio. No entanto, os níveis de glucagon estão aumentados, e é este hormônio que está mantendo a glicemia durante o jejum. No início deste período catabólico, ou seja, nas primeiras horas, observa-se glicogenólise (quebra de glicogênio) no fígado, com consequente liberação de glicose para o sangue. Este glicogênio representa uma reserva finita de glicose; portanto, deve-se iniciar outra via metabólica que será responsável pela manutenção da glicemia ao longo do restante do jejum. Esta via é a gliconeogênese hepática, e sofrerá estímulo por parte do glucagon via aumento da produção de suas enzimas, dentre outros efeitos. O glucagon também bloqueia o consumo de glicose pelo fígado durante o jejum. Isto não será problema, pois este órgão é capaz de oxidar ácidos graxos e aminoácidos como fonte de ATP nesta circunstância. Neste contexto, o glucagon estimula a lipólise no tecido adiposo, levando a um aumento na liberação de ácidos graxos para suprir o estado energético do fígado e de outros órgãos.

Caso alguém se alimente de uma refeição rica em proteínas, teremos um cenário metabólico muito semelhante ao jejum, mas mais intenso (Fig. 27.1). Isto porque, ao não ser potente o suficiente para estimular hiperinsulinemia, esta dieta não desfaz os efeitos promovidos pelo glucagon ao longo do jejum. Os amplifica, na verdade. Desta forma, a pessoa está alimentada, mas seu metabolismo considera o momento como ainda catabólico. Assim, caso ainda exista algum glicogênio hepático, este seguirá sendo consumido. A gliconeogênese será estimulada ainda mais, no fígado, porque a oferta de substratos gliconeogênicos, representados pelos aminoácidos ingeridos, foi aumentada. Isto, em conjunto com o sinal de glucagon, elevará a velocidade desta via, fazendo com que aminoácidos excedentes sejam transformados em glicose a fim de manter a glicemia. Lembre-se que pouca glicose foi obtida a partir da dieta. E manutenção da glicemia é algo central no controle da viabilidade de diversas células, conforme já visto previamente, em diversos momentos, neste livro. Como a transformação de aminoácidos em glicose não envolve usar o grupo químico nitrogenado daquelas moléculas, amônia (NH_3) é formada em grandes quantidades no fígado. Felizmente, este é o principal sítio de metabolização desta molécula altamente tóxico. O ciclo da ureia converte amônia em ureia, que será, posteriormente, excretada na urina. Tanto a gliconeogênese como o ciclo da ureia são consumidores ávidos de ATP. Assim, de forma alguma pode haver bloqueio na síntese desta molécula energética no fígado durante o jejum. Caso ocorra, a glicemia e a biotransformação da amônia serão afetadas e, consequentemente, teríamos hipoglicemia e hiperamonemia que, mesmo quando não combinadas, podem ser fatais. O glucagon, mais uma vez, desempenha papel importante em seguir promovendo a lipólise adipocítica. Desta forma, o fígado segue consumindo ácidos graxos e aminoácidos como combustíveis, gerando ATP suficiente para todo o trabalho que executa nesta circunstância.

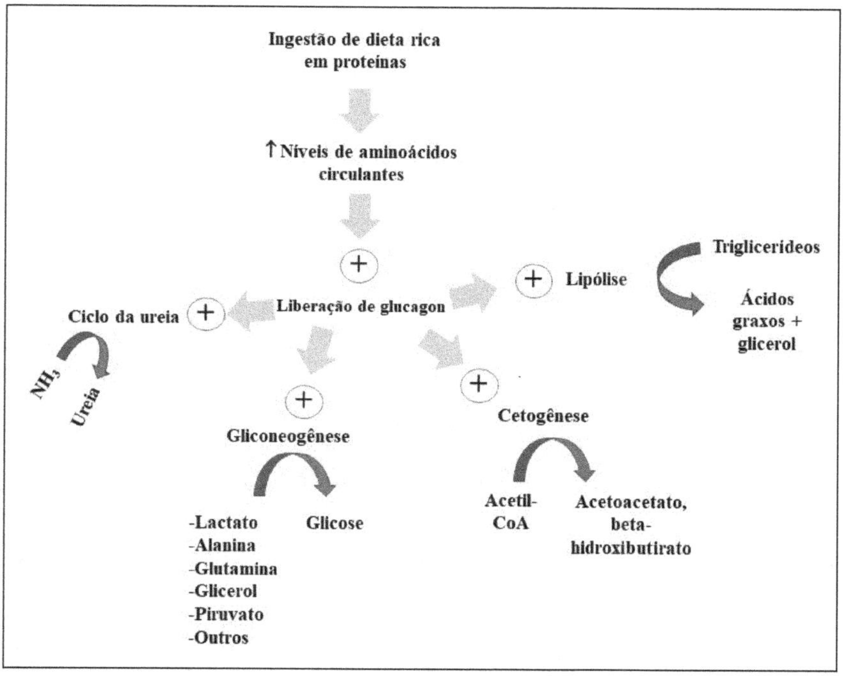

Figura 27.1. *Os efeitos metabólicos da dieta hiperproteica no organismo humano. Adaptado de "O Incrível Universo do Metabolismo Humano", deste autor.*

A dieta hiperproteica também é um estímulo para a produção de corpos cetônicos. O glucagon age neste ponto também, promovendo a produção de enzimas da cetogênese hepática. Como a entrega e a oxidação de ácidos graxos são elevadas, o fígado usa parte do acetil--coenzima A obtido daquelas moléculas para fins próprios (para gerar

ATP) e outra parte na síntese de corpos cetônicos. Estes são exportados e, da circulação, podem ser captados pelo sistema nervoso central, pelos adipócitos, pelos enterócitos e pelos músculos, majoritariamente. A hipercetose deve ser evitada, já que corpos cetônicos podem dar origem a moléculas mais reativas, como o metilglioxal, envolvido em eventos deletérios às células em qualquer tecido no qual seja produzido.

Devido a esta manutenção na secreção de glucagon, mesmo em estado alimentado, tem-se a dieta hiperproteica como aliada em estratégias de emagrecimento. Geralmente, isto vem acompanhado de prática de exercícios físicos, o que amplifica, significativamente, a chance de perder massa adipocítica. É importante, no entanto, tomar precauções quanto às funções hepática e renal. O papel do fígado, neste contexto, ficou bastante claro por aquilo exposto acima. Já os rins, como deverão atuar de forma mais intensa na filtração do sangue agora rico em aminoácidos, também merecerão cuidados porque pode haver sobrecarga dos mesmos ao longo da execução desta função, dentre outros fatores relevantes. Havendo histórico familiar de doenças hepáticas ou renais, deve-se evitar fazer esta dieta na sua forma mais agressiva, pelo menos. Apenas orientação médica apropriada deverá guiar a decisão de fazer ou não uso desta estratégia para fins não terapêuticos. Além disso, esta dieta pode causar prisão de ventre mesmo em pessoas não suscetíveis a isto. Este efeito pode ser causa de preocupação porque facilita lesões intestinais que podem estar associadas a tumores naquele órgão. Neste contexto, é relevante informar que tumores consomem grandes quantidades de aminoácidos, cuja versatilidade química é explorada por estes grupos de células ao longo de seu crescimento. Histórico de tumores intestinais também exigirá, portanto, mais atenção em relação ao uso da dieta hiperproteica.

Referências

DEVLIN TM. *Manual de Bioquímica com Correlações Clínicas*. 7. ed. Blucher, 2011.

LIEBERMAN M, PEET A. *Marks' Basic Medical Biochemistry: A Clinical Approach*. 5. ed. LWW, 2017.

TYMOCZKO JL, BERG JM, STRYER L. *Bioquímica Fundamental*. 1. ed. Guanabara Koogan, 2011.

CAPÍTULO 28

AMINOÁCIDOS: SUPERDOSAGEM E EFEITOS METABÓLICOS

Quando aminoácidos são ingeridos acima daquilo que o organismo necessita no momento, parte significativa destas moléculas passa por transformações que geram outros produtos que não apenas proteínas. Assim, de nada adianta apenas ingerir cargas enormes de aminoácidos esperando que os mesmos venham a formar proteínas no organismo. Aumento na ingestão de aminoácidos (e, naturalmente, de proteínas, que geram aminoácidos livres após a digestão) servirá, com maior eficiência, à síntese de proteínas se houver demanda para isto. E, como já sabemos, é por meio da prática de atividades físicas que se eleva esta demanda, já que é parte da adaptação muscular ao treino aumentar a síntese de proteínas, as quais são fundamentais tanto à execução da contração quanto à manutenção da estrutura da fibra muscular.

A transformação de aminoácidos em outras moléculas, por outro lado, pode ser bastante danosa ao organismo, já que isto envolve a perda de grupo(s) químico(s) nitrogenado(s). Por exemplo, quando aminoácidos são transformados em alfa-cetoácidos, pode ocorrer formação de amônia (NH_3), que é um potente toxicante atuando via indução de disfunção mitocondrial severa, dentre outros efeitos. Esse tipo de reação é comumente observado quando aminoácidos são convertidos em glicose na gliconeogênese. Remove-se o grupo amina (que contém nitrogênio) de aminoácidos diversos, transformando estes em alfa-cetoácidos que originarão a glicose (molécula que também não apresenta grupo nitrogenado), útil à manutenção da glicemia, conforme já analisado. A amônia gerada no processo é convertida em ureia no fígado, para depois ser excretada por meio da urina. Em caso de doença hepática, por exemplo, a conversão de amônia em ureia pode ser diminuída, e a amônia permanece livre por mais tempo, podendo exercer seus efeitos sobre as mitocôndrias. Como já sabemos, as mitocôndrias produzem mais de 90% do ATP necessário à manutenção da viabilidade celular. Além disso, é fonte importante de espécies reativas. No caso de disfunção mitocondrial, menos ATP e mais espécies reativas são formadas, levando, respectivamente, a colapso energético e estresse oxidativo. Estes são eventos que podem facilitar a própria perpetuação, dependendo do estado celular. E, quando atingem determinado nível (que varia de acordo com o tipo celular, dentre outros fatores), promovem inflamação, também capaz de retroalimentar-se.

A degradação de aminoácidos como treonina e glicina pode gerar oxalato que, ao se combinar com íons cálcio (Ca^{2+}), gera oxalato de cálcio, encontrado em cálculos ("pedras") na vesícula, por exemplo (Fig. 28.1). A ingestão exagerada daqueles aminoácidos poderá, então, favorecer a formação de distúrbio vesicular que, em casos específicos, envolve a remoção da vesícula e a adequação na dieta, pois menos gordura e menos proteína deverão ser ingeridos, já que sua digestão foi prejudicada. É importante lembrar que a vesícula biliar armazena a bile, que é composta por sais biliares derivados do colesterol. Estes sais são responsáveis pela emulsificação da gordura presente da dieta. Sem esta etapa da digestão, menos gordura é digerida como deveria e pode gerar desconforto gastrointestinal. Dietas ricas em carnes, por exemplo, deveriam ser evitadas neste contexto.

A transformação de aminoácidos em glicose, via gliconeogênese, também pode levar à dislipidemia por um caminho mais complexo, mas possível de ser observado em algumas pessoas. Sabe-se que aumento na concentração de aminoácidos circulantes induz secreção de insulina. Certamente, o efeito de aminoácidos sobre este hormônio não se equipara àquele promovido pela glicose, mas traz consequências metabólicas interessantes. Ao ter seu nível elevado na circulação, nesta ocasião, a insulina não desfaz os efeitos induzidos pelo glucagon na gliconeogênese, e esta via segue na transformação de aminoácidos em glicose. A glicose, via ação da insulina, tem parte de seus átomos

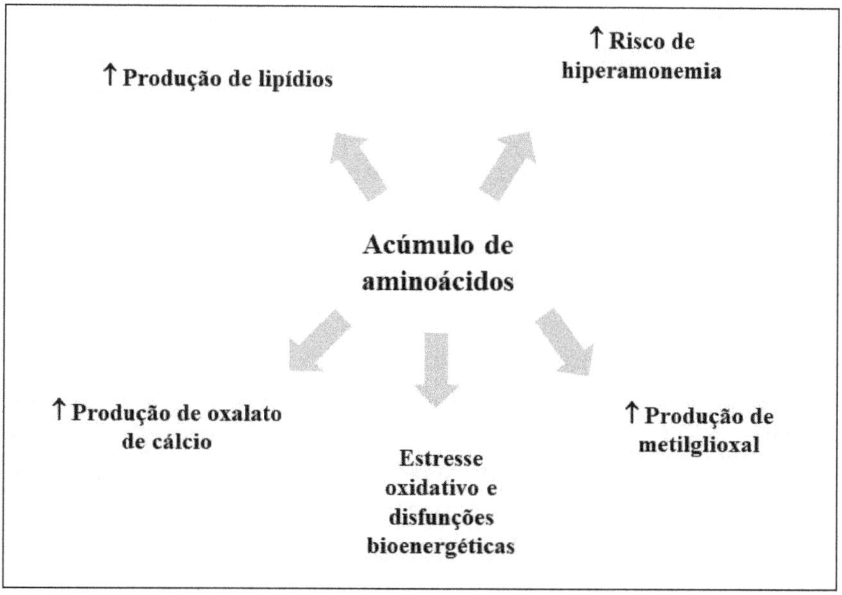

Figura 28.1. *Um resumo dos riscos associados ao consumo excessivo de aminoácidos. Adaptado de "O Incrível Universo do Metabolismo Humano", deste autor.*

destinados à síntese de lipídios, como ácidos graxos e colesterol. Os ácidos graxos são ligados à molécula de glicerol-3-fosfato e formam os triglicerídeos, sendo exportados do fígado via associação com VLDL. Na mesma lipoproteína, incorporam-se o colesterol e seus ésteres. Assim, é possível observar elevação dos níveis de triglicerídeos e de colesterol circulantes após ingestão de dieta hiperproteica. E isto pode ser duradouro, dependendo da pessoa e de seus hábitos prévios. Conforme já discutido no livro, a produção de lipídios é processo induzível, ou seja, as enzimas das vias metabólicas de síntese de ácidos graxos, de triglicerídeos e de colesterol têm seus níveis aumentados perante estímulo hormonal, como o da insulina. A via trabalha de forma mais rápida, portanto, se o hormônio estiver presente mesmo em níveis mais baixos. É algo otimizado, portanto, no organismo. E isto é facilitado por dieta contendo carboidratos. Então, se alguém tinha o hábito de ingerir carboidratos em excesso, por muitos anos, e depois migrou para uma dieta hiperproteica, a resposta das enzimas à primeira dieta ainda permanecerá similar por algum tempo. Até que o organismo seja reeducado perante a dieta hiperproteica. É um exemplo de algo que tem sido comum observar quanto ao comportamento alimentar. Desta forma, recomenda-se evitar mudanças drásticas de dieta sem acompanhamento de profissional. A dislipidemia mencionada acima é causa de doenças cardiovasculares e pode ter papel relevante também na indução de desordens neurodegenerativas. Portanto, requer cuidado.

O acúmulo de aminoácidos específicos, como ocorre em doenças chamadas erros inatos do metabolismo, como a fenilcetonúria, mostram que estas moléculas podem exercer efeitos nocivos como qualquer outra no organismo. Na fenilcetonúria, a enzima fenilalanina hidroxilase apresenta menor atividade que o normal, não convertendo fenilalanina em tirosina como deveria. Assim, acumula-se fenilalanina, que passa a exercer papel de pró-oxidante, ou seja, de induzir estresse oxidativo, por mecanismo diretos e indiretos. Também se sabe que este aminoácido pode causar inflamação em células nervosas, o que pode estar associado a distúrbios encefálicos.

Desta forma, percebe-se que a versatilidade exibida pelos aminoácidos, em termos metabólicos, pode gerar efeitos indesejados se houver ingestão aumentada dos mesmos sem elevação proporcional em sua demanda. A prática de atividades físicas estimula a captação de aminoácidos, quando em repouso, pelas fibras musculares, facilitando sua remoção da circulação e diminuindo sua conversão em glicose (e demais moléculas) no fígado. O mais seguro é buscar orientação personalizada, e não instruções genéricas, a fim de melhor proveito tirar destes hábitos, sofrendo menor impacto caso algo não se ajuste perfeitamente em um momento inicial.

Referências

DEVLIN TM. *Manual de Bioquímica com Correlações Clínicas*. 7. ed. Blucher, 2011.

LIEBERMAN M, PEET A. *Marks' Basic Medical Biochemistry: A Clinical Approach*. 5. ed. LWW, 2017.

TYMOCZKO JL, BERG JM, STRYER L. *Bioquímica Fundamental*. 1. ed. Guanabara Koogan, 2011.

CAPÍTULO 29

AMINOÁCIDOS E GLICOSE SÃO FONTE DE CARBONOS PARA A CONSTRUÇÃO DO DNA

Os aminoácidos glicina, aspartato e glutamina são fonte de átomos para a síntese de nucleotídeos, os quais são os blocos de construção dos ácidos nucleicos DNA e RNA. Trata-se de processo complexo e altamente dependente de uma fonte de energia, como o ATP. Sempre que uma célula inicia sua replicação pela mitose (ou seja, formação de duas células-filhas a partir de uma célula-mãe), deve iniciar a síntese também do DNA, que é duplicado para poder manter a informação genética nas duas células geradas. Nesse evento, o consumo de aminoácidos se eleva, bem como o de combustíveis variados (ácidos graxos, alfa-cetoácidos derivados de aminoácidos e glicose, principalmente) a fim de manter a síntese de nucleotídeos em alta velocidade. Conforme esperado, estes eventos metabólicos são particularmente intensos durante a gestação e durante toda a fase de crescimento de humanos, já que a taxa de proliferação celular é altíssima.

A glicose, por meio da via das pentoses fosfato, é convertida em ribose-5-fosfato, açúcar também necessário à produção de nucleotídeos. Esta molécula formará, nos ácidos nucleicos, sua "coluna vertebral", ou seja, um eixo necessário à estabilidade das moléculas de DNA e de RNA. Este eixo é representado pela ligação fosfodiéster, que é do tipo covalente, sendo, portanto, forte e estável para manter unidos os nucleotídeos. O consumo de glicose segue aquilo observado em relação aos aminoácidos citados acima durante as fases de gestação e de crescimento. Assim, a ingestão de aminoácidos e de glicose

Nossos ácidos nucleicos (DNA e RNA) são feitos, também, de açúcar!

deve ser alta a fim de manter este processo, dentre tantos outros, necessários à manutenção da viabilidade celular.

Há casos, no entanto, nos quais a multiplicação celular não é bem-vinda, como em tumores. Células que perderam o controle da divisão celular iniciam sua proliferação de forma desenfreada, levando à formação de tumores, os quais são consumidores ávidos de glicose e de glutamina. Agora, já sabemos o porquê: ambos são matéria-prima para a síntese dos blocos de construção do DNA e do RNA. Enquanto o DNA mantém a informação genética de células normais e tumorais, o RNA do tipo mensageiro serve ao processo de síntese de proteínas. Estas, por sua vez, terão sua produção significativamente aumentada em células que proliferam devido ao seu papel de "trabalhadoras" seja em um tipo celular saudável ou em um tumoral. São as proteínas que desempenham, majoritariamente, a função de enzimas, ou seja, de acelerar reações químicas necessárias à manutenção do metabolismo celular, seja este ligado ou não ao consumo de combustíveis. Para fins de esclarecimento, pode-se falar em "metabolismo do DNA" quando estudamos os processos enzimáticos envolvidos em sua síntese e no uso de sua informação, bem como quando esta molécula passa por eventos de correção de erros ou de degradação.

Em tumores, não há qualquer mecanismo molecular que evite a proliferação celular. A síntese de DNA e de RNA, bem como de proteínas, é constante e a velocidade é alta, quando comparada com aquilo observado em células saudáveis. Neste contexto, sabe-se que a ingestão elevada de aminoácidos (a partir da dieta ou de suplementos) pode representar risco quanto ao surgimento de tumores intestinais, por exemplo. Como aminoácidos são versáteis, podendo gerar outras moléculas após rápido metabolismo, são excelentes materiais para a manutenção do crescimento de tumores. Conforme mencionado acima, glicina, aspartato e glutamina são parte obrigatória das vias de síntese de nucleotídeos, os componentes dos ácidos nucleicos. E, como também bem conhecido em Bioquímica, aminoácidos como a glutamina e a asparagina, podem ser convertidos em outros aminoácidos, como o glutamato e o aspartato, respectivamente, após perderem um de seus grupos nitrogenados. Estes, por sua vez, podem passar por reações de transaminação, nas quais são transformados em aminoácidos variados também. Isto quer dizer que ingestão aumentada de um aminoácido não impede sua conversão em outro, portanto, facilitando o processo de crescimento tumoral. Algo similar é observado em relação à glicose, como já sabemos: após passar pela via glicolítica, gera piruvato (além de ATP e NADH mais um próton) que, ao ser utilizado nas mitocôndrias, dá origem a moléculas que são parte do caminho para a síntese de lipídios. Dentre os lipídios que podem ser produzidos a partir de glicose, podemos citar os ácidos graxos, os triglicerídeos, o colesterol e os fosfolipídios. Tanto o colesterol como os fosfolipídios são componentes obrigatórios de biomembranas (membrana plasmática e membranas de organelas e de vesículas). E, conforme o esperado, células tumorais precisarão também de lipídios para manter seu crescimento, já que necessitam de membranas novas para as células-filhas.

A ingestão de suplementos ricos em aminoácidos e/ou em proteínas deveria ser feita com cautela, evitando seu uso, ou o realizando de forma menos intensa, em pessoas com histórico de tumores na família. Há muitas causas para a formação de um tumor, mas a manutenção de seu crescimento passa, invariavelmente, pelo consumo das moléculas citadas. Oferecê-las às células tumorais é um favor que não deveríamos fazer.

Referências

DEVLIN TM. *Manual de Bioquímica com Correlações Clínicas*. 7. ed. Blucher, 2011.

LIEBERMAN M, PEET A. *Marks' Basic Medical Biochemistry: A Clinical Approach*. 5. ed. LWW, 2017.

TYMOCZKO JL, BERG JM, STRYER L. *Bioquímica Fundamental*. 1. ed. Guanabara Koogan, 2011.

CAPÍTULO 30

A IMPORTÂNCIA DAS VITAMINAS B_1, B_6 E B_{12} NO METABOLISMO DE AMINOÁCIDOS

Vitaminas não servem como fonte direta de energia a nenhuma célula do organismo humano. Estas moléculas não são, portanto, quebradas e/ou oxidadas no sentido de gerar ATP. Na verdade, vitaminas são fonte de coenzimas, moléculas necessárias ao bom funcionamento de enzimas. Estas, por sua vez, são as "trabalhadoras" das células, mediando reações químicas necessárias à manutenção da viabilidade celular. As enzimas medeiam quase que todas as reações do metabolismo energético humano (pois há reações espontâneas, como a formação de acetona, por exemplo), e a carência de uma vitamina pode levar a uma menor atividade enzimática, afetando uma via metabólica como um todo. Na prática, pode-se dizer que se obtém menor proveito a partir do metabolismo de um dado nutriente, pois uma via metabólica inteira pode passar a atuar de forma mais lenta quando os níveis de uma coenzima caem. O rendimento energético a partir de um nutriente qualquer pode ser prejudicado.

Neste contexto, a vitamina B1 é importante fonte de tiamina pirofosfato, coenzima necessária ao bom funcionamento das enzimas piruvato desidrogenase (que é um complexo de enzimas), desidrogenase dos alfa-cetoácidos de cadeia ramificada, alfa-cetoglutarato desidrogenase e transcetolase. Não apenas os nomes das enzimas, mas as reações que estas medeiam, são bastante complexos e centrais no metabolismo energético humano. O complexo da piruvato desidrogenase, por exemplo, é responsável por seguir a oxidação de piruvato, uma molécula oriunda da glicólise, ou seja, da via que oxida glicose. Esta via está presente em todas as células humanas, sendo ainda mais importante naquelas células que não apresentam mitocôndrias ou que não tenham acesso (momentâneo ou permanente) ao gás oxigênio, conforme analisado em capítulos anteriores. A continuação da oxidação do piruvato, via complexo da piruvato desidrogenase, ocorre exclusivamente nas mitocôndrias. Assim, deficiência na vitamina B_1 afeta a atividade do complexo enzimático, diminuindo a formação de ATP a partir da via que culminaria na oxidação completa de glicose (ou seja, na formação de gás carbônico e água a partir daquela molécula). Isto diminui, portanto, a produção de ATP a partir da glicose em inúmeros tipos celulares. Destacam-se os neurônios, que consomem glicose tanto no estado alimentado como no jejum. Como estas células são bem oxigenadas e contêm mitocôndrias, o piruvato gerado pela glicólise é captado e consumido nas mitocôndrias. Com menor aporte de vitamina B_1, menor será a produção de ATP quando a glicose for o combustível utilizado pelas células neuronais. A deficiência de vitamina B_1 pode ser vista, com mais frequência, em alcoólatras, já que o etanol facilita a perda da tiamina pirofosfato.

A deficiência de vitamina B_1 afeta uma enzima do ciclo de Krebs, a alfa-cetoglutarato desidrogenase. Esta é uma das enzimas mais importantes do ciclo, pois responde aos íons cálcio, dentre outros agentes sinalizadores, elevando a velocidade de oxidação de intermediários, favorecendo aumento na produção de ATP, de forma indireta. Diminuição na oferta de vitamina B_1 e, consequentemente, na síntese de tiamina pirofosfato, afetam a velocidade do ciclo, que é central não apenas na continuação da oxidação do piruvato, mas também de acetil-coenzima A derivado da oxidação de ácidos graxos, de corpos cetônicos e de alguns aminoácidos. Na verdade, qualquer que seja a deficiência (enzimática, de vitaminas e/ou de cofatores) que afete o ciclo de Krebs, sempre há enorme chance de ocorrer um colapso energético, já que esta via metabólica é parte do caminho de utilização de inúmeros substratos energéticos, conforme citado acima. Atrasar o ciclo de Krebs pode favorecer acúmulo de intermediários de vias que o alimentam, e isto pode trazer consequências deletérias ao organismo devido à toxicidade que estas moléculas podem exercer.

As desidrogenases de alfa-cetoácidos de cadeia ramificada são fundamentais ao metabolismo de alfa-cetoácidos derivados de aminoácidos de cadeia ramificada (BCAA, do inglês *branched chain amino acids*): leucina, isoleucina e valina. Deficiência de vitamina B1 diminui a habilidade com que células como as fibras musculares (estriadas e cardíacas) e os neurônios utilizam os BCAA. Em termos práticos, diminui a chance de as células gerarem ATP quando consumirem estas moléculas. Neste sentido, uma suplementação com BCAA, simultânea à deficiência de B_1, traria menor benefício, podendo, inclusive, gerar efeitos indesejáveis via acúmulo de alfa-cetoácidos de cadeia ramificada.

A transcetolase é enzima da via das pentoses fosfato, que consome uma forma fosforilada de glicose na produção de NADPH (um nucleotídeo que serve como fonte de elétrons para diversas reações, como recicle do antioxidante glutationa, síntese de ácidos graxos e de colesterol, e metabolismo do etanol, dentre outras) e de ribose-5-fosfato (necessária à síntese de nucleotídeos que farão parte do RNA e do DNA). Menores níveis de tiamina pirofosfato afetam, portanto a síntese dos produtos da via das pentoses fosfato, causando um efeito negativo na produção de outras moléculas, conforme consta acima. Sintetizar menos lipídios, por exemplo, é algo que pode afetar a estrutura de biomembranas, que são bastante dependentes destas moléculas para manterem-se íntegras. Além disso, a produção de hormônios derivados do colesterol (como estradiol, testosterona, cortisol e aldosterona) pode ser diminuída, levando a distúrbios diversos. Indiretamente, menor produção de NADPH afeta a manutenção do estado redox celular, havendo facilitação de estresse oxidativo devido a menor habilidade em as células reciclarem o mais importante agente antioxidante não-enzimático, a glutationa. Molécula esta que também é parte do sistema de desintoxicação (ou biotransformação) celular, importante mecanismo pelo qual as células metabolizam e excretam moléculas potencialmente tóxicas. A glutationa também atua como agente de sinalização celular.

De forma semelhante, deficiência na vitamina B_6, a qual dá origem ao piridoxal fosfato (PLP), também pode afetar o estado energético, já que é fundamental a reações necessárias ao metabolismo de aminoácidos. O PLP é necessário em reações de transformação de aminoácidos em alfa-cetoácidos. O aminoácido, conforme discutido previamente, é uma molécula nitrogenada, podendo haver até dois grupos nitrogenados, como ocorre na glutamina e na asparagina, dentre outros. Para que o aminoácido sirva como combustível (ou substrato energético) a uma célula, deve perder estes grupos nitrogenados, gerando os respectivos alfa-cetoácidos. Cada aminoácido gera, portanto, um alfa-cetoácido. A partir do aspartato, por exemplo, obtêm-se o oxaloacetato. Do glutamato, gera-se o alfa-cetoglutarato. Tanto oxaloacetato como o alfa-cetoglutarato são importantes intermediários do ciclo de Krebs. E é nesse ciclo que estas moléculas devem chegar para que possam ser consumidas como combustível, gerando ATP de forma indireta (escrevo desta forma porque o ciclo de Krebs, em humanos, não gera ATP, mas é um dos mais importantes sistemas em permitir que as células amplifiquem a produção daquela molécula energética via oxidação completa dos combustíveis). Assim, com menor ingestão de vitamina B_6, menor será a produção de PLP e menos hábil será o organismo em converter aminoácidos em alfa-cetoácidos, afetando a manutenção do estado energético de células como hepatócitos, fibras musculares estriadas e cardíacas e neurônios, dentre inúmeras outras em diferentes contextos metabólicos nos quais aminoácidos são consumidos com o propósito de gerar ATP. Para se ter uma importância das consequências desta deficiência, pode-se dizer que a oxidação de ácidos graxos (que são lipídios) será quase que inútil se o organismo não conseguir obter quantidade suficiente de alfa-cetoácidos a partir de aminoácidos em estados catabólicos como jejum e durante a prática de atividades físicas. Isto porque um alfa-cetoácido em especial, o oxaloacetato, deve ser combinado ao acetil-coenzima A derivado da oxidação de ácidos graxos para que a oxidação de ambos ocorra até o final, propiciando uma síntese ótima de ATP para as células. Desta forma, percebe-se que a deficiência de B_6 (e de PLP, consequentemente) afetaria, de forma indireta, o consumo de outro combustível pelas células, favorecendo um colapso energético grave. O PLP também é necessário à enzima glicogênio fosforilase, responsável por quebrar a molécula de glicogênio, gerando glicose fosforilada que atende a diferentes demandas de acordo com o tipo celular.

A vitamina B_{12} é mais uma associada ao metabolismo de aminoácidos. É necessária na conversão de homocisteína em metionina e, neste contexto, trabalha de forma dependente de tetrahidrofolato. A deficiência de vitamina B_{12} pode levar a quadros de hiperhomocisteinemia, que vem sendo associada a doenças cardiovasculares. A homocisteína, quando acumulada, pode afetar os estados redox e energético, pois atua como um indutor de estresse oxidativo e de disfunção mitocondrial, respectivamente. Também é conhecido seu efeito pró-inflamatório quando se acumula no organismo. Esta vitamina também é necessária à reação que converte metilmalonil-coenzima A em succinil-coenzima A, molécula intermediária do ciclo de Krebs. Esta reação é mais importante quando a molécula conhecida como propionil-coenzima A é utilizada como fonte de glicose na via da gliconeogênese. Ainda, quando os aminoácidos valina e isoleucina são convertidos em glicose, necessita-se de vitamina B_{12} em reação similar de uso do propionil-coenzima A.

Quando se fala em vitaminas, há muita desinformação, pois o conhecimento bioquímico necessário à real compreensão sobre como estas moléculas são utilizadas no organismo é insuficiente a inúmeras pessoas. E isto é observado mesmo entre aquelas que atuam na área da saúde, infelizmente. Sugere-se que a suplementação de vitaminas seja evitada. E recomenda-se que, caso a faça, que ocorra de forma clinicamente orientada e baseada em exames que comprovem sua necessidade. Vitaminas, bem como seus derivados, não são moléculas inertes, e podem induzir efeitos nocivos ao organismo. Isto também pode ser mais ou menos delicado de acordo com características individuais, como idade, hábitos e nível de estresse, dentre outros.

Referências

DEVLIN TM. *Manual de Bioquímica com Correlações Clínicas*. 7. ed. Blucher, 2011.

LIEBERMAN M, PEET A. *Marks' Basic Medical Biochemistry: A Clinical Approach*. 5. ed. LWW, 2017.

TYMOCZKO JL, BERG JM, STRYER L. *Bioquímica Fundamental*. 1. ed. Guanabara Koogan, 2011.